危险化学品
热风险预测研究

以硝化纤维素为例

柴 华 著

清华大学出版社

北京

内 容 简 介

本书是有关危险化学品热风险预测的专著,以硝化纤维素(nitrocellulose,NC)为例,结合天津港"8·12"特别重大火灾爆炸事故背景,对不同含氮量 NC 样品的结构特性、热解特性、临界热失控温度、热解过程和热自燃危险性进行了系统研究。

本书内容翔实、数据可靠、实用性强,揭示了 NC 的热解机理并对其热自燃危险性进行了预测,可供从事危险化学品结构性能研究、过程安全保障、新型材料研发以及热风险预测等相关人员参考。

图书在版编目(CIP)数据

危险化学品热风险预测研究:以硝化纤维素为例/柴华著.—北京:清华大学出版社,2023.3
ISBN 978-7-302-62904-7

Ⅰ.①危… Ⅱ.①柴… Ⅲ.①化工产品－危险物品管理－研究 Ⅳ.①TQ086.5

中国国家版本馆 CIP 数据核字(2023)第 036230 号

责任编辑:冯 昕 王 华
封面设计:傅瑞学
责任校对:赵丽敏
责任印制:朱雨萌

出版发行:清华大学出版社
    网 址:http://www.tup.com.cn,http://www.wqbook.com
    地 址:北京清华大学学研大厦 A 座   邮 编:100084
    社 总 机:010-83470000   邮 购:010-62786544
    投稿与读者服务:010-62776969,c-service@tup.tsinghua.edu.cn
    质量反馈:010-62772015,zhiliang@tup.tsinghua.edu.cn
印 装 者:小森印刷霸州有限公司
经 销:全国新华书店
开 本:170mm×240mm 印 张:7.75 字 数:101 千字
版 次:2023 年 4 月第 1 版   印 次:2023 年 4 月第 1 次印刷
定 价:45.00 元

产品编号:100155-01

2015 年 8 月,在中国天津港爆发了一起由硝化纤维素(nitrocellulose,NC)自燃引发的特别重大火灾爆炸事故,直接原因是 NC 的包装破损使得湿润剂散失,干燥的 NC 在散热条件极差的集装箱内自燃,最终导致周边硝酸铵等危险化学物质发生爆炸。

NC,又名硝化棉,是一种典型的含能材料,在军工和民用领域应用广泛,常用于制作生产漆料、涂料、相机底片、眼镜架、赛璐珞、火药推进剂及烈性炸药等。同时,作为一种典型的危险化学品,具有冲击敏感性高、热稳定性差、易燃易爆等危险特性,在其生产、处理和储运的整个过程中,极易发生自燃并引发爆炸。因此,揭示 NC 的热解机理并预测其热自燃危险性对于确保 NC 的过程安全、丰富基础数据资料、掌握危险化学品热风险预测方法具有重要意义。

本书是有关危险化学品热风险预测的专著,以 NC 为例,结合天津港"8·12"特别重大火灾爆炸事故背景,基于理论分析方法和实验测试结果,对不同含氮量 NC 样品的结构特性、热解特性、临界热失控温度、热解过程和热自燃危险性进行了系统研究。通过使用扫描电子显微镜(scanning electron microscope,SEM)和原位傅里叶变换红外光谱仪(Fourier transform infrared spectrometer,FTIR)对不同含氮量 NC 的微观纤维结构和分子结构进行了检测,研究了含氮量对 NC 结构特性的影响。采用 C80 微量量热仪(C80 micro calorimeter)对不同含氮量 NC 进行等温和非等温实验测试,分析了含氮量对 NC 的热解特性的影响。借助于 C80 开展四重恒定升温速率下的非等温实验,结合等转化率动力学计算方法 Vyazovkin 法,明确了不同 NC 样品在无模型方法下的分布式活化能(E_a),预测了不同含氮量 NC 的临界热失控温度(T_b)。结合热重分析-傅里叶变换红外光谱仪(thermogravimetric analysis-Fourier transform infrared spectrometer,TG-FTIR)和裂解-气相色谱/质谱分析仪(pyrolysis-gas chromatography/mass spectrometer,Py-GC/MS)分析了 NC 的热解产物和主要反应阶段,进一步研究了 NC 的热解过程。借助于 C80 微量量热仪对不同含氮量 NC 执行低升温速率下的升温实验测试,获得了 NC 在热解反应初期的活化能(E)和指前因子(A)数值,并计算得到谢苗诺夫(Semenov)理论模型下 25kg 标准包装 NC 的自加速分解温度(self-accelerating decomposition temperature,SADT),结合 NC 的结构特性、热解特性和热解产物,揭示并预测了不同含氮量 NC 样品的热自燃危险性。

本书内容翔实、数据可靠、实用性强,通过在实验室中进行的基础研究和分析测试能力培养,研究者会对危险化学品的结构特性、热解特性及热危险性分析有深入的了解,有助于其开展危险化学品热风险预测研究。作者力图将理论知识与实际应用联系起来进行分析讨论,包括研究对象的结构性质、实验条件的设置与优化、实验方法与实际情景相联系,使读者能够学到解决实际生产安全问题的知识和能力。通过阅读本书,读者将对 NC 的热解机理有深入的了解,并掌握分析 NC 热自燃危险性的定性、定量方法,为相关人员从事危险化学品结构性能研究、过程安全保障、新型材料研发以及热风险预测等奠定基础。

本书由柴华撰写,是 2021 年度中共中央党校(国家行政学院)校级科研项目"特大城市治理中风险防控研究(2021QN045)"阶段性成果,编写过程中得到了孙金华、段强领、戚凯旋等人的帮助和支持,在此一并表示感谢。限于作者水平和经验,本书尽管几经修改,不妥之处仍在所难免,诚请读者不吝赐教,以臻完善。

作　者

2022 年 9 月

符 号 说 明

α	转化率
β	升温速率,℃/min
θ	从热分解开始到最大热流的持续时间,h
A	指前因子,s^{-1}
C_p	定压比热,$J/(g \cdot K)$
dH/dt	整体热流,mW/g
E	活化能,kJ/mol
E_α	不同转化率下的活化能,kJ/mol
E_A	转化率低于10%时的活化能平均值,kJ/mol
$f(\alpha)$	反应机理函数
ΔH	单位质量的反应热,J/g
H_{peak}	热流峰值,mW/g
$k(T)$	速率常数
M	反应物质量,g
M_0	反应物初始质量,g
n	反应级数
q_G	反应放热速率,mW/g
q_L	反应体系向环境的散热速率,mW/g
R	气体常数,$J/(mol \cdot K)$
R^2	相关系数
S	反应体系与环境的接触面积,cm^2
SADT	自加速分解温度,℃
t	时间,s
T	系统温度,K

T_0	环境温度,K
T_b	临界热失控温度,℃
T_{e0}	升温速率趋近于 0 时的反应开始温度,℃
T_{end}	反应终止温度,℃
T_m	最大热流温度,℃
T_{NR}	不归还温度,K
T_{onset}	反应开始温度,℃
T_r	反应开始温度和反应终止温度之间的温度,℃
U	表面传热系数,$J/(cm^2 \cdot K \cdot s)$

CONTENTS 目录

第1章

绪　　论

硝化纤维素（NC），一种典型的危险化学品，是纤维素与硝酸、硝磷混酸和硝硫混酸等发生酯化反应的产物，又被称为纤维素硝酸酯[1]。

1833 年，法国化学家亨利·布拉科诺（Henri Braconnot）通过把木质纤维素等碳水化合物溶于浓硝酸中，制得了一种"木炸药"，这种易燃材料就是 NC 的前身，含氮量为 $5\% \sim 6\%$[2]。1838 年，法国化学家泰奥菲勒-朱尔·佩洛兹（Théophile-Jules Pelouze）对纸张和硬纸板进行了相似处理[3]。随后，法国化学家让-巴蒂斯特·迪马（Jean-Baptiste Dumas）在 1843 年发现了相似的材料，并将其命名为"nitramidine"。但由于这些材料的稳定性极差，并不能被用作炸药推广使用[4]。

1845 年，德裔瑞士化学家克里斯蒂安·弗里德里希·舍恩拜因（Christian Friedrich Schönbein）用硝硫混酸对棉纤维进行硝化得到了"火棉"。之后，"火棉"作为火药原料被大规模推广使用[5]。巧合的是，德国不伦瑞克市的奥托（Otto）教授，在 1846 年首次发表了"火棉"类似物质的整个制备过程[6]。

由于 NC 燃烧后释放的热量比黑火药还要高好几倍，且气体产量相当于等体积黑火药的 6 倍，这种特性非常适合用作推进剂。1846 年，霍尔(Hall)父子获得了 NC 的生产专利权,随后各个国家都开始建设厂房生产炸药。然而,当时的人们并未对 NC 采取相应的安定性处理措施,导致许多工厂在进行大规模生产时,都发生了火灾爆炸事故,生产被迫停止。此后,人们开始对 NC 的安定性处理技术进行漫长而深入的探索[7]。

1865 年,英国化学家埃布尔(Abel)为获得安定性较高的 NC,提出通过打碎、水洗和沸煮等步骤去除残酸。该建议得到了世界范围的重视并获得专利,重启了停滞近 20 年的 NC 生产[1,6]。

1868 年,美国发明家约翰·韦斯利·海厄特(John Wesley Hyatt)在 NC 中加入樟脑,发现了一种可以在热压下被加工成任意形态的制品,他将这种改性后的 NC 材料命名为赛璐珞。自 20 世纪 80 年代末起,赛璐珞被柯达等厂商广泛用于制作 X 线片、相片以及电影胶片等[1,6]。

1891 年,俄罗斯著名化学家门捷列夫发明了能均匀溶于醇醚溶液中的、含氮量为 12.60% 的火胶棉火药,并命名为"皮罗棉"。随着研究的不断深入,人们探索出以丙酮为溶剂、高氮量的 NC 及硝化甘油(nitroglycerine,NG)等为原料,来制造 Card 型双基发射药[1,6]的方法。

同时,由于以 NC 为原料制成的火药及胶片引发了多起火灾事故,人们也投入大量的精力和时间研究如何提高 NC 的安定性,努力寻找将 NC 应用于武器领域的途径,并将 NC 作为油漆、涂料及塑料制品的原材料,在民用领域进行推广。"安全胶片"在 20 世纪 30 年代被用于 X 线胶片生产,并被广泛推广,于 1948 年被用于制作电影胶片[1,6]。

目前,工业生产或实验室通常以硝酸作为酯化试剂制备 NC,化学反应方程式可简写如下:

$$[C_6H_7O_2(OH)_3]_n + nxHNO_3 \rightleftharpoons [C_6H_7O_2(OH)_{3-x}(ONO_2)_x]_n + nxH_2O$$

$$(1-1)$$

生成纤维素硝酸酯的反应可逆性是不完全的,因为 NC 的脱硝现象一般会伴随有氧化和水解的副反应。当纤维素全部羟基被完全取代时,则制成纤维素三硝酸酯,称为三硝酸纤维素,含氮量为 14.14%;取代纤维素两个羟基时,则制成二硝酸纤维素,其理论含氮量为 11.13%;而只有一个羟基被取代时,则制得一硝酸纤维素,其含氮量为 6.77%。用硝酸和其他能生成纤维素硝酸酯的试剂处理时,并不能取代全部羟基,而只能取代其中的一部分。考虑到纤维素的大分子量和纤维结构,羟基取代反应表现出一定的不均匀性[6]。

纤维素分子结构中的羟基被硝酸酯基取代的程度是 NC 的主要结构特征参数,常用含氮量、酯化度和硝化度 3 个指标表示。其中含氮量用 N% 表示,是指 N 元素在一定质量样品中所占的质量百分数;酯化度用 x 表示,最大值为 3,是单个脱水葡萄糖单元内—ONO_2 取代—OH 的平均数;硝化度单位用 ml/g 表示,是指 1g NC 分解释放的 NO 在标准状态下的体积。三者之间的关系如式(1-2)所示[1,6]。

$$含氮量 N\% = \frac{14x}{162 + 45x} \times 100\% \qquad (1\text{-}2)$$

$$酯化度\ x = \frac{3.60 \times N}{31.11 - N} \qquad (1\text{-}3)$$

$$硝化度\ NO(ml/g) = \frac{N \times 22.39 \times 1000}{100 \times 14} = 15.99N \qquad (1\text{-}4)$$

随着科学的发展,火药的种类和威力随之增加。根据含氮量的高低,NC 作为一种重要的原料被广泛添加在各类火药的推进剂中。然而,NC 的易燃易爆特性引发了多起火灾爆炸事故,且含氮量的高低直接影响 NC 的热安全特性。因此,含氮量对 NC 热稳定性的影响已成为一个重要的研究课题,但目前不同含氮量条件下 NC 的热解特性及热解过程尚未得到充分的揭示。特别是关于含氮量对 NC 的结构特性、低升温速率下的热流曲线特征、自催化特性、相关动力学参数及临界热失控参数的影响,还缺乏相应的实验研究。就 NC 的热解过程而言,重点研究含氮量对 NC 结构特性和热解产物的影响,并在此基础上提出一个更为细化的 NC 热解过程显得十分重要,也是国内外学者研究的焦点。

1.1　研究背景

1.1.1　硝化纤维素的结构、分类及用途

从理论上讲,天然纤维素分子内各个葡萄糖环基上的 3 个羟基均能够被硝酸酯基所取代。即当式(1-1)内的 $x=3$ 时,纤维素分子内全部的羟基基团完全被取代,制成纤维素三硝酸酯。其结构式、球棍模型和空间填充模型分别如图 1-1、图 1-2(a)和(b)所示。该种硝化纤维素的理论含氮量为 14.14%,但在实际的生产过程及实验过程中,要想获得如此高含氮量的 NC 样品是极其困难甚至根本无法实现的[1]。根据式(1-1)可知,纤维素与硝酸之间的反应是一个可逆过程。随着反应的进行,不断地有水分生成,酯化反应生成的 NC 又会继续与水发生水解反应,生成部分硝酸类物质。随着反应的深入,生成的水分会越来越多,NC 内部的脱硝反应会越加明显[6]。

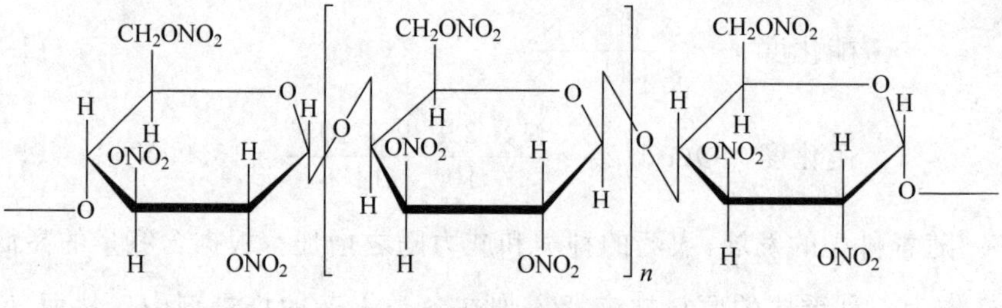

图 1-1　纤维素三硝酸酯结构式

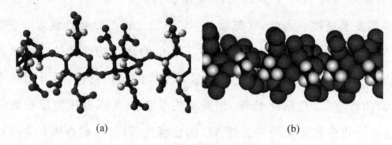

(a)　　　　　　　　　　　　(b)

图 1-2　纤维素三硝酸酯模型

(a) 球棍模型；(b) 空间填充模型

　　硝化纤维素一般呈现白色或微黄色，大多数是棉絮状或纤维状宏观结构，能溶于丙酮、乙酸乙酯和樟脑乙醇等有机溶液。由于 NC 的纤维结构在与硝酸发生反应的过程中遭到了破坏，所以在微观结构上，纤维表面有裂纹、裂隙或不规则粗糙凸起等存在。图 1-3 显示了含氮量为 11.50% 的 NC 样品的宏观结构和微观结构。

 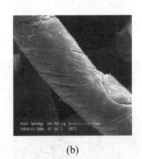

(a) (b)

图 1-3　含氮量为 11.50% 的 NC 的结构

(a) 宏观结构；(b) 微观结构

　　由于 NC 被硝化的条件和程度不同，其溶解度存在差异，含氮量也随之改变。根据含氮量的不同，NC 作为一种典型的工业原料被广泛地用作涂料、相机胶片、眼镜框架、赛璐珞制品、固体火箭推进剂、射钉枪和爆炸物原料等[8-13]。作为一种典型的危险化学品，干燥的 NC 原料极易发生自燃，通常来讲，干燥状态下的 NC 样品在 40℃ 左右就会发生分解并不断释放热量，产生热量积聚。同时，长期的储存过程使得 NC 分解释放出酸类物质，进一步加速分解反应的进行，最终达到 NC 的着火点引发自燃。且 NC 的危险程度与其被硝化程度（含氮量）直接相关，含氮量越高的 NC，其热稳定性越差。在实际的生产过程中，NC 的含氮量高低受到选用的纤维素原材料质量、混酸配比方案、硝化反应时长和温度控制条件等诸多因素的直接影响[1,6,14]。

　　通常，含氮量 12% 被粗略地作为高含氮量 NC 和低含氮量 NC 的分界线。高含氮量 NC 被称为火棉，具有易燃性和易爆性，能按照一定的平行层规律进行燃烧并释放出大量气体。常作为推进剂或爆炸物的主要成分，被用于军工领域。譬如，常被用于制作射钉枪、固体火箭推进剂、无烟火药和烈性炸药等的原材料[8,12,15]，如图 1-4 所示。

射钉枪　　　　　　　　　　　固体火箭推进剂

无烟火药　　　　　　　　　　　烈性炸药

图 1-4　高含氮量 NC 在军工领域的应用实例

低含氮量 NC 常被称为胶棉，因其自身良好的柔韧性、较好的相容性和可塑性，以及特定的力学强度，被广泛应用于民用领域。常用作涂料、相机底片、眼镜框架和乒乓球等的原材料[11,13]，如图 1-5 所示。

依照我国行业标准《涂料用硝化棉规范》(WJ 9028—2005)，低含氮量 NC 又被分为含氮量 10.70%～11.40% 的 L 型 NC 和含氮量 11.50%～12.20% 的 H 型 NC 两类[11]。

在工业领域，常根据 NC 的用途将其细分为 7 类：含氮量 ≥13.13% 的 1 号强棉；含氮量 11.90%～12.40% 的 2 号强棉；3 号弱棉的含氮量为 11.80%～12.10%；爆胶棉的含氮量为 11.94%～12.30%；火胶棉的含氮量为 12.50%～12.70%；清漆用棉的含氮量为 11.60%～12.20%；赛璐珞棉的含氮量为 10.80%～11.20%[16]。

根据中华人民共和国国家军用标准《军用硝化棉通用规范》(GJB 3204—1998)可知，军用硝化棉被划分为 A、B、C、D 和 E 5 个级别。其中，A 级 NC 的代号为"A"，含氮量为 12.50%～12.70%，醇醚溶解度不小于

涂料　　　　　　　　　　　相机底片

眼镜框架　　　　　　　　　　乒乓球

图 1-5 低含氮量 NC 在民用领域的应用实例

99%,2% 硝化棉丙酮溶液黏度不小于 20.0mm²/s；B 级 NC 的代号为 "B",含氮量不小于 13.15%,醇醚溶解度不大于 15%,2% 硝化棉丙酮溶液黏度不小于 20.0mm²/s；C 级 NC 的代号为 "C",含氮量为 11.88%～12.40%,醇醚溶解度不小于 95%,2% 硝化棉丙酮溶液黏度不小于 20.0mm²/s；D 级 NC 的代号为 "D",含氮量为 11.75%～12.10%,醇醚溶解度不小于 98%,2% 硝化棉丙酮溶液黏度为 10.0～17.4mm²/s；E 级 NC 的代号为 "E",是由 B 级 NC 和 A、C、D 级硝化棉混合而成,2% 硝化棉丙酮溶液黏度不小于 20.0mm²/s[8]。各级硝化棉的理化性能具体如表 1-1 所示。

表 1-1 军用硝化棉的理化性能

项　　目	A 级	B 级	C 级	D 级	E 级
含氮量/%	12.50～12.70	≥13.15	11.88～12.40	11.75～12.10	
醇醚溶解度/%	≥99	≤15	≥95	≥98	
丙酮不溶物/%	≤0.4				

续表

项　　目	A 级	B 级	C 级	D 级	E 级
2% 丙酮溶液黏度/(mm²/s)	≥20.0	≥20.0	≥20.0	10.0～17.4	≥20.0
132℃ 安定性试验 NO/(mL/g)	≤2.5	≤3.5	≤2.5	≤2.5	≤3.0
碱度/%	≤0.25	≤0.25	≤0.25	≤0.20	≤0.25
灰分/%	≤0.4	≤0.5	≤0.5	≤0.5	≤0.5
乙醇溶解度/%				≤12	

在工业生产活动中,NC 又常常被划分为弱棉和强棉。根据弱棉和强棉的用途,又将它们分为不同的类别。例如,含氮量为 11.89%～12.26%的弱棉,根据规定黏度的不同,被进一步细化为高黏度漆用、革制品高黏度漆用、中黏度漆用、低黏度漆用、超低黏度漆用、高品质超低黏度漆用和家具漆用,广泛用于航空清漆、皮革漆、轻型小汽车用漆、人造革漆、瓷漆、金属清漆、纸及硝基布用漆等;黏胶漆用的弱棉含氮量为 10.64%～12.39%,常用于家具用漆;漆布用、油布用和赛璐珞胶片用的弱棉含氮量分别为 10.64%～11.58% 和 10.78%～11.25%,常用于工艺织物的胶黏剂原料和赛璐珞制品;降溶解型的弱棉含氮量为 10.70%～11.10%,是硝基漆的主要原料;硝基漆片用和电动真空用的弱棉含氮量分别为 11.40%～11.76% 和 11.89%～12.26%,是硝基片及发光灯管阴极涂层的主要原料;H 型火药用的弱棉含氮量被控制在 11.82%～12.17%,可用来制作推进剂和无烟火药的原料。高含氮量强棉依据含氮量、规定黏度和应用范围等细微差别,进一步划分为 BA-1(≥13.02%)、BA-2(13.05%～13.14%)、中氮量 CA(12.76%～13.01%)、低氮量 H(12.39%～12.51%)、No.1(≥13.09%)和 No.2(≥11.76%)6 类。其中,No.2 类强棉又被细化为 1(12.17%～12.39%)、2(≥12.39%)、3(≥11.89%)和 4(≥11.76%)4 类。此外,除 No.1 和 No.2 类强棉被用于混合棉原料外,其他 4 类强棉是制作火药的主要原材料[16]。

1.1.2 硝化纤维素火灾爆炸危险性

NC 是一种典型的危险化学品，具有易燃性、易爆性和高冲击敏感性。实验证明，干燥的 NC 在 40℃左右就会发生分解，在温度达到 174℃左右时会出现明显的质量损失和剧烈的失控反应。如果储存条件中存在散热不良的状况，热量将会不断积累，最终达到 NC 的自燃温度，引发火灾爆炸事故[14]。根据相关报道，历史上存在多起由 NC 热解引起的火灾爆炸事故，如表 1-2 所示[6,14,16-18]。

表 1-2　NC 在储存或处理过程中引发的重大事故

分类	年份	国别	原　因	结　果
NC	1874	英国	NC 堆叠引发自燃	超过 20 人死亡
赛璐珞	1926	英国	电影胶片引发火灾	48 人死亡
赛璐珞	1927	苏联	电影胶片引发火灾	144 人死亡
赛璐珞	1929	英国	电影胶片引发火灾	69 名儿童死亡
赛璐珞	1929	美国	X 线胶片自燃	123 人死亡
赛璐珞	1952	日本	赛璐珞制玩具自燃	14 人死亡、21 人受伤
NC	1964	日本	民用 NC 自燃	19 人死亡、117 人受伤
赛璐珞	1974	日本	电影胶片自燃引发火灾	3000 部影片胶片被烧毁
爆炸物	2011	塞浦路斯	两箱火药引起爆炸	13 人死亡
NC	2014	中国	民用 NC 自燃	2 人死亡、1 人受伤
NC	2014	中国	民用 NC 自燃	3 人受伤
NC	2015	中国	NC 热解自燃	过火面积高达 500m²
NC	2015	中国	NC 湿润剂散失导致自燃	165 人死亡、8 人失踪、798 人受伤

其中，2015 年在中国天津港瑞海国际物流有限公司爆发的"8·12"特别重大火灾爆炸事故是迄今为止最为严重的、由 NC 热自燃引发的火灾事故。事故共造成 8 人失踪、165 人死亡以及 798 人受伤；同时造成 304 幢建筑物、7533 个集装箱和 12428 辆汽车受损；直接经济损失达 68.66 亿元。在事故现场前后间隔半分钟左右的时间内形成了两个大型爆坑，第一个爆坑呈现月牙形，直径约为 15m，深度为 1.1m；第二个圆形大爆坑的直径约为 97m，深约 2.7m。前后两次爆炸的能量分别相当于 15 个 TNT 当量和 430 个 TNT 当量，算上中间多起小型爆炸，总能量高

达 450 个 TNT 当量,事故波及面极广,损失惨重。

事故中心的航拍图和事故前后的对比图分别如图 1-6 和图 1-7 所示。事故调查表明,造成该起事故的直接原因是:NC 的包装破损使得湿润剂散失,干燥的 NC 在散热条件极差的集装箱内发生自燃,最终导致周边硝酸铵等危险化学物质发生爆炸。

彩图 1-6

图 1-6 事故中心的航拍图

(a)　　　　　　　　　　　　(b)

图 1-7 天津港"8·12"火灾爆炸事故发生前后对比图

(a) 爆炸前;(b) 爆炸后

由表 1-2 不难发现,20 世纪 20 年代左右的火灾事故多发生于由 NC 为原料制成的电影胶卷和塑料制品,随着醋酸纤维系列"安全胶卷"类产品的研发、生产和推广,以及欧盟国家等禁用以赛璐珞为原料制成的玩具或产品,使得该类火灾事故逐年减少[16]。但是,由民用 NC 和军用 NC 引发的火灾爆炸事故仍时有发生。因此,有必要研究含氮量对 NC 的热解特性、热自燃危险性和整个热解过程的影响,评估并预测 NC 在不同条件下的热危险性,确保其在生产、运输和储存过程中的整体安全。

1.2　国内外研究现状

1.2.1　硝化纤维素热解特性研究

前人针对 NC 及其混合物的结构特性、热行为、化学动力学和热力学参数以及整个热解过程等进行了诸多科学研究[17,19-43]。例如,Sovizi 等[25]结合差示扫描量热仪(differential scanning calorimeter,DSC)和热重/差热分析(thermogravimetric analysis/differential thermal analysis,TG/DTA)的实验手段,研究了微米级 NC 和纳米级 NC 的微观结构及热解行为,TG 的实验结果显示 NC 的主要热解阶段处于 $190 \sim 210 \, ℃$。在 ASTM E969 和 Ozawa 方法下获得了相关动力学参数,揭示 NC 的粒径越小,反应开始的温度越低,活化能和临界热失控温度随之降低,热危险性更高。He 等[26]研究了湿润剂和 NC 的混合物在微观结构、热稳定性和燃烧特性上的差别,结果显示湿润剂(异丙醇或乙醇)对 NC 的微观结构影响极小,但使用异丙醇作为湿润剂的 NC 比使用乙醇作为湿润剂的 NC 火灾危险性更高。另外,外部宏观结构对 NC 的燃烧特性也有一定的影响,譬如片状 NC 比纤维状 NC 的热危险性要低。同样地,Mahajan 等[20]提出在 NC 和氧化铜(CuO)组成的混合物热解过程中,CuO 的加入直接影响了 NC 的热解,使得 DTA 曲线的峰值温度增加,阻止了 $O—NO_2$ 化学键的断裂。在较高温度下,伴随有气态物质的产生和炭化碳质物的形成。Katoh 等[23]借助于 C80 微量量热仪研究了氧气气氛中、$120 \, ℃$恒温条件下,添加不同类型的无机盐对 NC 热流曲线的影响,揭示了 NC 混合物的热稳定性直接受其添加的无机盐的种类影响。Guo 等[31]研究了水对推进剂(主要成分是 NC)热稳定性的影响,结合 C80 微量量热仪的实验结果和 Semenov 理论模型,证实了含水量的增加使得推进剂的热稳定性降低。另外，Pourmortazavi 等[24]研究了氩气气氛中，不同含氮量的 NC 在 5～20℃/min 升温速率下的热解行为。受高升温速率下物体传热产生的热延迟影响，NC 的反应开始温度随升温速率的增加而增大。但 NC 的热流曲线随含氮量增加向低温区域移动，使得反应开始温度降低，总的热释放量增大。利用 ASTM E969 和 Ozawa 方法求解的相关动力学参数进一步证实了 NC 的热稳定性随含氮量的增加而降低。与 Pourmortazavi 等使用的高升温速率不同，Katoh 等[22]借助于 C80 微量量热仪研究了 0.02℃/min 的升温速率下，空气气氛中经安定剂[二苯胺(DPA)或钾长石Ⅱ(AKⅡ)]处理过的 NC 材料的热解行为，在主放热峰前侧检测到小型放热峰的出现。不难发现较低的升温速率有助于揭示物质在整个热解过程中的行为细节。

除了研究 NC 及其混合物的热行为并预测它们的相关动力学参数、热稳定性和临界热失控参数等，前人也对 NC 的热解过程和主要的气态产物进行了深入分析，为揭示其热稳定性奠定了科学的理论基础[33-43]。

其中，前人的多项研究证实在 NC 的整个热解过程中生成了多种含羰基类气态产物。Kumita 等[37]更是借助于傅里叶变换红外光谱仪(FTIR)确定了 NC 主要的热解产物，具体包括含羟基和羰基类气态产物以及多种氢过氧化物等。Liu 等[36]借助裂解-气相色谱/质谱分析仪(Py-GC/MS)对 NC 在整个热解过程中释放的绝大多数轻质气体进行了鉴定，检测到一氧化二氮(N_2O)、二氧化碳(CO_2)、一氧化碳(CO)、一氧化氮(NO)、二氧化氮(NO_2)、甲醛(HCHO)、乙二醛($C_2H_2O_2$)、氰化氢(HCN)、丙酮(CH_3COCH_3)和甲烷(CH_4)等逸出气体，并提出在 NC 的热解过程中，最主要的氮的氧化物是 NO 而不是 NO_2。然而，前人针对 NC 在整个热解过程中产生的主要氮氧化物尚未达成共识。例如，Daureman 等[38]通过将快速扫描质谱仪连接到线束燃烧器上，连续不断地监测了 NC 在氩气氛中、10Torr①的低压下，分解并燃烧生成的主要气

_____

① 1Torr=133.322Pa。

态挥发物,结果显示主要的氮氧化物是一氧化氮(NO)。而其他的一些研究者则提出二氧化氮(NO_2)才是 NC 在整个热解过程中主要的气态氮氧化物,推断 NC 在热解反应的初始阶段最先发生的是 CO—NO_2 化学键的断裂[6,40-43]。例如,Klein 等[43]的研究结果表明在 NC 的热解过程中直接生成了 NO_2 或与 NO_2 结合而成的硝酸基团($CONO_2$),且反应发生得非常迅速,形成多种高度氧化的气态产物,如水(H_2O)、CO、CO_2、羰基和多种酸性中间体等。同时,Robertson 等[42]通过使用 Will 测试程序揭示了在 NC 的整个热解过程中,存在 NO 和 NO_2 的共存。此外,邵自强等[6]借助于 FTIR 提出了 NC 的热解机理,将其整个热解过程划分为 3 个阶段,并对各阶段主要的轻质气态产物进行了分析鉴定。第一阶段主要的气态产物为 NO_2,第二阶段的产物则包括 NO_2、HCHO、CO、CO_2 和 NO,第三阶段的主要气态产物包括 NO_2、HCHO、CO、CO_2、NO 和 HCOOH。

近年来随着测试仪器的发展,有更多的实验研究对 NC 在整个热解过程中化学键断裂位置的先后进行推断,并从新的视角提出新的 NC 热解机理。其中,Gelernter 等[41]针对邻位二硝酸盐的热解机理提出了新的见解,并推断出反硝化过程和醛类物质的形成。该项工作中有关羰基的形成过程与 Rychlý 等[33]对 NC 的热解机理推断基本一致。

1.2.2 硝化纤维素自催化特性研究

前人的研究结果表明,当 NC 在较高的外界环境温度(辐射)下发生热解反应时,最先发生的是 O—NO_2 键的断裂[6,40-43],生成部分 NO_2,如式(1-5)所示:

$$RO—NO_2 \longrightarrow RO \cdot + NO_2 \qquad (1-5)$$

生成的 NO_2 会促进并催化含过氧官能团类物质的生成:

$$RO \cdot + NO_2 \longrightarrow ROO \cdot + NO \qquad (1-6)$$

式(1-6)中的反应是一类可逆反应,含过氧官能团类物质会和 NO 发生逆反应或生成 RO—NO_2 基团,如式(1-7)所示:

$$ROO \cdot + NO \longrightarrow RO \cdot + NO_2 \text{ 或 } RO—NO_2 \qquad (1-7)$$

当 NC 的热解反应发生在空气条件下时,主要存在水(H_2O)和氧气(O_2)两种影响因素。首先,考虑 H_2O 的影响[15-16]:

H_2O 的存在会使得 $RO—NO_2$ 基团发生水解反应,如式(1-8)所示:

$$RO—NO_2 + H_2O \longrightarrow R—OH + HNO_3 \tag{1-8}$$

值得注意的是,当 H_2O 以离子形态存在时,可促使下列反应发生:

$$H_2O \rightleftharpoons H^+ + OH^-$$

$$RO—NO_2 + H^+ \rightleftharpoons RO—NO_2H^+$$

$$RO—NO_2H^+ \longrightarrow R—OH + NO_2^+$$

$$NO_2^+ + OH^- \longrightarrow HNO_3$$

$$RO—NO_2 + OH^- \longrightarrow R—OH + NO_3^-$$

$$H^+ + NO_3^- \longrightarrow HNO_3$$

$$RCH_2O—NO_2 + OH^- \longrightarrow RC—OH + H_2O + NO_2^-$$

两类反应均会生成硝酸(HNO_3)类物质,其作为一种典型的催化剂不断地促使反应发生[44-47]。同时,生成的 H_2O 会继续加速反应进行。

其次,考虑 O_2 存在引发的一系列反应如下[15-16]:

$$R_1—H + NO_2 \longrightarrow R_1 \cdot + HNO_2 \tag{1-9}$$

$$R_1 \cdot + O_2 \longrightarrow R_1OO \cdot \tag{1-10}$$

$$R_1OO \cdot + R_1—H \longrightarrow R_1OOH + R_1 \cdot \tag{1-11}$$

$$R_1 \cdot + R_1 \cdot \longrightarrow R_1—R_1 \tag{1-12}$$

其中:R_1 表示 $RO—NO_2$。式(1-9)中的 NO_2 反应物来自式(1-5)内的产物 NO_2,且 NC 的分解放热可能存在一种特殊的自氧化反应,如式(1-10)~式(1-12)所示。结合上述分析,本书对 NC 的自催化分解反应过程进行了推断,为揭示其热解机理提供了科学的理论基础。

1.3　前人研究不足及本书的研究目的

前人针对 NC 及其混合物的热流曲线、相关动力学参数以及热解过程开展了部分研究,但现有的研究仍存在不足:

（1）前人的大多数研究都集中在 $5\sim20℃/min$ 的高升温速率下 NC 的热解特性[48-54]。但在实际的储存和运输过程中,当环境温度达到 40℃ 左右时,NC 就会缓慢地分解并释放热量[14]。然而,较高的升温速率使得 NC 的整个热解过程完成得过于迅速,与较低的升温速率相比,难以捕获到更多 NC 在热解过程中的细节和微小变化。

（2）前人的大多数研究都集中在 NC 及其混合物的热稳定性上,针对含氮量对其结构特性、热解特性、临界热失控温度、热解过程和热自燃危险性的影响研究极少。由于 NC 的热危险性与其被硝化程度呈正相关关系,因此研究含氮量的具体影响至关重要。

（3）目前有关低升温速率下含氮量对 NC 的结构特性、热自燃危险性、热解特性、自反应特性、化学反应动力学参数、热动力学参数以及热危险性参数等诸多科学问题尚未解决。

（4）除此之外,有关 NC 整个热解过程的研究仍显不足,大都局限于特定含氮量的 NC,且针对 NC 在整个热解过程中产生的主要氮氧化物一直存在广泛争议。就现有的调查研究表明,目前尚未有学者针对不同含氮量 NC 的结构特征、气态产物分布以及主要的氮氧化物展开详细的讨论论证和科学研究。

由于 NC 的热危害程度与其被硝化程度（含氮量）直接相关,因此,在前人研究进展的基础上,本书采用实验测试和经典模型理论相结合的研究方法,重点研究揭示含氮量对 NC 结构特性、热解特性、热自燃危险性和整个热解过程的影响。首先,将扫描电子显微镜（SEM）和傅里叶变换红外光谱仪（FTIR）联用,研究并分析含氮量对 NC 微观结构特征和分子结构特性的影响。其次,借助于 C80 微量量热仪执行低升温速率（$0.2\sim0.8℃/min$）下的恒定升温速率实验,细致地分析含氮量对 NC 热解行为的具体影响,并获得了相关动力学参数,明确其自加速分解温度（SADT）和临界热失控参数（T_b）等。最后,基于热重分析-傅里叶变换红外光谱仪（TG-FTIR）和裂解-气相色谱/质谱分析仪（Py-GC/MS）的测试结果,揭示含氮量对 NC 主要气态产物的影响以及各个温度阶段下主要的氮氧化物。

实验研究的主要目的：确定不同含氮量 NC 的结构特性、热解特性以及热自燃危险性，揭示含氮量对 NC 结构特征以及热解行为细节的具体影响，明确不同温度下 NC 的主要气态产物，揭示其热解机理。结合结构特性、热解特性和过程机理，预测不同含氮量 NC 在实际包装下的热自燃危险性。研究结果不仅可为 NC 的安全储存提供科学的指导建议，同时，可以为功能性材料的合成、催化剂或安定剂的添加，以及通过增加或减少反应过程中的中间体对推进剂进行改性提供理论指导。除此之外，还可为工程仿真领域提供理论支撑。

1.4　研究内容、技术路线及章节安排

1.4.1　研究内容

中国天津港"8·12"特别重大火灾爆炸事故是迄今为止最为严重的、由 NC 热自燃引发的灾难性事故[14-16]。为此，本书主要针对 NC 的热解特性及其热自燃危险性预测展开研究，揭示不同含氮量 NC 在生产、处理、储存及运输过程中的热解行为细节和整个热解过程，同时对临界热失控温度和自加速分解温度等热危险性参数进行预测，用以科学有效地制定安全方案。此外，本书的目的是对危险化学品进行热风险预测，有效防灾减损，确保本质安全。由于 NC 的热危险性与其含氮量（被硝化程度）呈现正相关关系，所以决定 NC 热稳定性高低的最本质因素是含氮量。且由于 NC 的含氮量是由酸类物质的种类、配比以及作用时间的长短等因素共同决定的，所以在微观结构上存在较大的差异。含氮量高的 NC 表观裂隙程度增加，比表面积增大，与空气或自身分解释放的气态产物接触面积加大，可促使反应进行得更为完全[55-56]。根据结构决定性质的原理，不难推测含氮量对 NC 的热解特性及热自燃危险性会产生实质性的影响。因此，为了深入研究并揭示含氮量对 NC 热稳定性的影响，并确保 NC 在生产、处理、储存及运输过程中的本质安全，本书主要针对 NC 的热解特性及其热自燃危险性预测展开研究，为危险化学品热风险预测研究奠定基础。

1.4.2 技术路线

本书的技术路线如图 1-8 所示,实验研究使用的 NC 材料均由中国广东博瑞化学原料厂提供,共包含 7 种不同含氮量的 NC 材料。在进行相关热解研究之前,对所有的测试样本进行了元素含量分析、宏观结构观测以及微观结构测定,用以全面、准确地了解不同含氮量 NC 样本的结构组成。

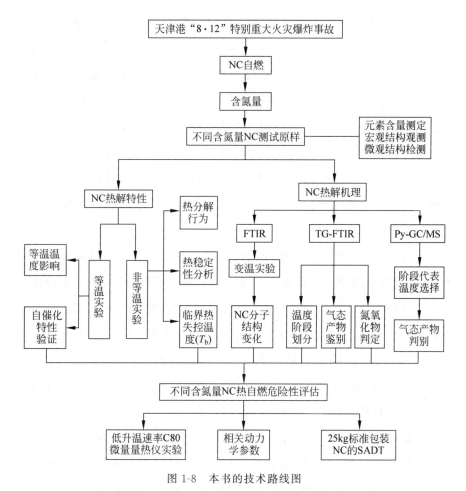

图 1-8 本书的技术路线图

本书以导致天津港"8·12"特别重大火灾爆炸事故发生的直接原因为主轴,研究 NC 的热解特性及其热自燃危险性预测。首先,结合 C80 微量量热仪实验数据研究含氮量对 NC 热解特性的影响。一方面，开展等温实验，验证并判定 NC 是否具有自催化反应特性。同时，改变等温温度，深入探究等温温度变化对 NC 自催化特性的影响。另一方面，执行恒定低升温速率下的非等温实验测试，因较低的升温速率可以更好地揭示含氮量对 NC 热解行为的具体影响。同样地，多种经典无模型理论方法下获得的相关动力学参数为评价 NC 的热稳定性提供了准确科学的依据，用以推算不同含氮量 NC 的 T_b，进而评价物质的热危险性。

其次，详细地分析含氮量对 NC 整个热解过程的影响。首先，本书借助于原位 FTIR 探究了不同含氮量 NC 分子结构在不同温度下的变化。其次，利用 TG-FTIR 获得不同温度下不同含氮量 NC 的质量损失及气态产物丰度，从而对 NC 的整个热解过程进行了有效的阶段划分，揭示了含氮量对不同温度下 NC 气态产物分布的影响。并对各个阶段主要的氮的氧化物进行了综合的分析鉴定，提出更为科学合理的结论。最终，采用 TG-FTIR 选定极具代表性的阶段温度进行 Py-GC/MS 测试，对不同含氮量 NC 共同的热解产物进行比对判定，揭示了基于温度段划分原则下的更为细化的 NC 热解机理。

此外，工厂内实际储存的 NC 样品，通常是以防静电的塑料袋包装好之后，再封存于密闭的集装箱内。本书首先结合实际情况，选择 4 种含氮量不同且极具代表性的 NC 样品，执行低升温速率下(2～8℃/min)的小药量 C80 微量量热仪实验测试，根据四重升温速率下的实验数据和经典的动力学模型，获得相关的动力学参数，进而推算出 Semenov 模型下 25kg 标准包装 NC 的 SADT。同时，结合 NC 的结构特性、自催化反应特性和热解过程机理等，综合分析并评价其热自燃危险性，为指导安全生产提供科学的理论依据。如果 NC 在 SADT 以上的温度下处理或储存，则会不断地分解放热，产生热量积聚，导致体系温度随之增加，自加速分解过程加快，循环往复，将致使自燃或爆炸事故发生。因此，应根据不同含氮量 NC 的 SADT 科学合理地设定安全处理或储存温度，对危险化学品热风险进行精准预测，确保本质安全化过程。

结合本书的技术路线,有助于研究并揭示 NC 的热解机理及其热自燃危险性,进而对危险化学品热风险进行精准预测。

1.4.3 章节安排

根据主要的研究内容和技术路线,将本书划分为 5 个章节,如图 1-9 所示。各章节的具体安排如下:

第 1 章是绪论部分。该章系统地介绍了 NC 的基本概况和发展历史。1.1 节具体阐述了 NC 的结构特性、分类依据和主要用途,并对由 NC 引发的火灾爆炸类事故进行汇总,揭示了其固有的热危险性。1.2 节主要结合国内外的研究现状,深入地分析了 NC 的热解特性和自催化特性。1.3 节则针对前人的研究不足进行了深刻探讨,并提出了本书的研究目的。1.4 节重点介绍本书的研究内容、技术路线和章节安排。

第 2 章是实验装置及原理方法部分。该章对研究所使用的实验材料、装置仪器和原理方法等进行了总结。本书共使用了 7 种不同含氮量

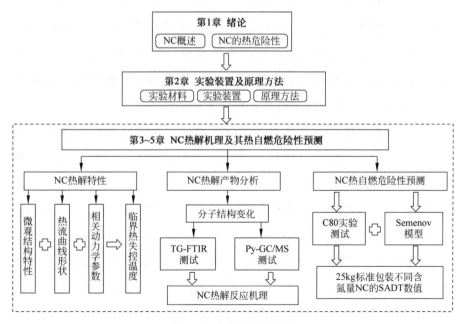

图 1-9 本书的章节安排

极具代表性的 NC 样品。所使用的仪器设备主要包括元素分析仪、SEM、C80 微量量热仪、FTIR、TG-FTIR 和 Py-GC/MS。研究主要涉及的原理方法有：①等温验证法，用以分析并鉴定物质是否具有自催化分解特性；②非等温实验法，借助于多重升温速率下的实验数据，对不同含氮量 NC 的热解行为、相关动力学参数和热稳定性参数指标等进行分析评价，同时，可以揭示 NC 在不同温度下的热解产物分布；③临界热失控温度预测方法，借助多种经典的无模型理论方法，可获得反应的活化能和反应热等相关动力学参数，用以预测物质的临界热失控温度。

第 3 章是硝化纤维素热解特性研究部分。该章的主要内容包括以下几个方面。首先是引言、研究思路和实验方案部分，具体包括对 NC 样品的选择、实验程序的设定以及相关实验装置的应用。其次是有关 NC 样本的结构特性检测，包含宏观结构的观察和微观结构的测定。紧接着是线性升温条件下 NC 热解行为的具体研究，用以探究低升温速率下含氮量对 NC 热流曲线的影响并获得对应的特征参数。然后，针对等温条件下 NC 的热解行为开展研究，借助于该条件下的热流曲线形状判定 NC 是否具有自催化特性。同时，研究不同等温条件对其热解行为和自催化特性的具体影响。最后，结合 C80 实验数据计算得到相关动力学参数（反应开始温度、反应热和活化能等），进而得出 NC 的临界热失控温度（T_b），用以评价物质的热危险性并指导安全生产。

第 4 章是硝化纤维素热解产物分析部分。该章详细地阐述了研究 NC 热解过程的必要性，并根据所需要的实验仪器进行了科学合理的思路分析和方案设定。根据结构决定性质的基础理论，首先对 3 种不同含氮量且极具代表性的 NC 的宏观结构，微观结构，氮（N）、氢（H）和碳（C）元素的含量，以及这些样品在不同温度下的分子结构变化进行了测定。其次，借助 TG-FTIR 研究线性升温条件下 NC 的整个热解过程，并对其进行有效的阶段划分。再结合 Py-GC/MS 的实验结果，对 NC 在不同温度下的气态产物分布进行了综合分析鉴定，并针对其在热解过程中产生的主要氮氧化物进行了阶段划分。最终，根据不同含氮量 NC 的共同气态产物,提出了一种基于温度段划分原则的更为细化的 NC 热解机理,为实现 NC 的过程安全控制提供了更为科学有力的理论依据。

第 5 章是硝化纤维素热自燃危险性预测部分。该章针对反应性化学物质的热自燃理论进行系统阐述,详细地介绍了 Semenov 理论模型,并给出评价反应性物质热自燃危险性的理论计算方法和综合分析方法。结合不同含氮量 NC 在不同升温速率下的 C80 微量量热仪实验数据,对其热自燃危险性进行实例分析,探究升温速率对 NC 热解行为的具体影响,并获得物质的反应热(ΔH)、反应初期的活化能(E)和指前因子(A)等相关热力学和化学动力学参数,用以预测并计算 25kg 标准包装 NC 的 SADT。同时,结合 NC 的结构特性、热解特性和热解产物,综合分析并预测含氮量对 NC 热自燃危险性的具体影响。

第2章

实验装置及原理方法

2.1 引言

　　实验装置与原理方法是实验研究的基础,因此本章主要介绍书中涉及的实验材料特性、实验仪器以及实验的研究方法等。首先,介绍不同含氮量硝化纤维素(NC)样品的选择。其次,详细并系统地介绍本书主要使用的 6 种实验仪器,具体包括其基本概况和特征参数等。这些仪器分别是:元素分析仪、扫描电子显微镜、C80 微量量热仪、傅里叶变换红外光谱仪、热重分析-傅里叶变换红外光谱仪、裂解-气相色谱/质谱分析仪。最后,综合分析等温验证法、非等温实验方法和临界热失控温度预测方法,用以判定不同含氮量 NC 的材料特性、热解特性、相关动力学参数和临界热失控温度等。结合实验仪器和原理方法,研究含氮量对 NC 整个热解过程的影响,为进一步揭示其热自燃危险性奠定科学的理论基础。

2.2 硝化纤维素实验材料

　　NC 是一种白色纤维状固体含能材料,具有高度可燃性、易燃性和爆炸性,其危险程度与被硝化程度呈正相关关系。

通常根据 NC 的含氮量高低,将其作为工业原料应用于不同领域[8-18]。一般来讲,含氮量 12% 是高含氮量 NC 与低含氮量 NC 的分界[15,18]。其中,低含氮量(12% 以下)NC 常被用作涂料等工业原料,高含氮量 NC 则被用于火药及烈性炸药等军工领域[8-13]。依照行业标准《涂料用硝化棉规范》(WJ 9028—2005)[11],将低含氮量 NC 又分为两类。一类是含氮量为 10.70%～11.40% 的 L 型 NC,另一类是含氮量为 11.50%～12.20% 的 H 型 NC。本书为研究含氮量对 NC 热解行为和热自燃危险性的具体影响,选用了 4 种不同含氮量的 NC 样品作为典型代表。包括两类涂料用 NC 样品,含氮量分别为 11.43% 和 11.50%,属于 L 型 NC 和 H 型 NC。同时,选取含氮量为 11.98% 的 NC 作为高含氮量和低含氮量 NC 的边界研究对象。除此之外,将含氮量为 12.87% 的 NC 作为军用领域 NC 材料的典型代表,如图 2-1 所示。

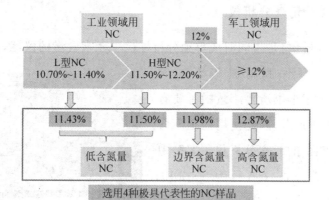

图 2-1　研究 NC 热解行为及热自燃危险性的样品选用

注:图中用虚线是因为 12% 只是一个粗略的分界线,而非精准划分标准。一般而言,以 12% 作为高低含氮量 NC 的划分标准,但实际划分标准各异。通常≥12% 用于火药、军工,<12% 用于涂料、民用。

基于低含氮量 NC 在热解行为上差别不大,为进一步揭示含氮量对 NC 整个热解过程及热解产物的具体影响,另选用 3 种极具代表性的典型 NC 样品材料,它们的含氮量分别是 11.63%、11.92% 和 12.60%,对应于低含氮量 NC、边界含氮量 NC 和高含氮量 NC,如图 2-2 所示。

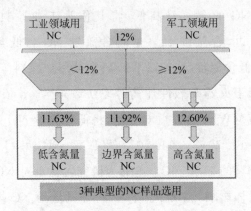

图 2-2 研究 NC 热解过程及产物的样品选用

2.3 实验装置

2.3.1 元素分析仪

元素分析仪,是指同时或单独分析样品中元素含量的仪器,被广泛应用于化工、环保和材料等不同领域[57-58]。由于本书所要测量的主要有 C、H、N 3 种元素,因此使用的是不含金属元素测量的元素分析仪。实验中使用的元素分析仪型号为 VarioEL Ⅲ Elementar vario EL cube,由德国元素分析系统公司生产,如图 2-3 所示,其主要性能指标列于表 2-1 内。

图 2-3 元素分析仪

表 2-1 元素分析仪主要技术参数和性能

参　　数	性　　能
操作模式	C、H、N 同时测定
标准偏差	0.1%绝对误差
样品称样/mg	0.02~800
分解温度/℃	950~1200
分析时间/min	6~9

2.3.2 扫描电子显微镜

扫描电子显微镜(SEM)主要用于试样表面的形貌及结构特征观察，具有多重放大倍数和高分辨率，在医学、材料和环境工程等诸多学科领域有广泛的应用[59-64]。实验所采用的 SEM 型号为 Philips XL30 ESEM-TMP SEM，分辨率高达 3.5nm，由荷兰飞利浦公司生产。扫描电子显微镜样本测试服务由中国科学技术大学工程实验中心提供，并给予技术支持，仪器特征如图 2-4 所示。本书使用 SEM 观测不同含氮量 NC 样本的微观结构形貌特征。为确保 NC 纤维不会因加速电压过高而损坏，将实验用 SEM 加速电压的数值设置为 10kV。

图 2-4　扫描电子显微镜

2.3.3 C80 微量量热仪

C80 微量量热仪(C80)是法国 SETARAM 科学与工业设备公司研发的享誉业界的经典量热仪。集等温与扫描功能于一身、室温至 300℃的工作温度范围及众多独特样品池使得 C80 几乎适用于所有的量热分析测试与实验研究，特别适用于生命安全及医药研究、过程安全评价、食品及火炸药、危险化学物质以及推进剂等含能材料的研究[65-73]。实验使用 C80 作为分析 NC 热解特性的合适工具，装置示意图如图 2-5 所示。将 CS32 控制系统连接到计算机以记录实验数据，内部的 3D 传感器围绕着样品以保持稳定的加热条件。该量热仪具有很高的灵敏度(1μW)，测试温度范围较广,从室温至 300℃。在进行实验测试时,所有称重后的样品都需要密封到样品池中,同时,参比池内需要放入与样品池内样品质量相同的氧化铝。样品池和参比池示意图如图 2-6 所示。此外,样品池由不锈钢(Z2 CND 17-12)材料制成,由圆柱形容器和顶盖组成。其中,圆柱形容器的高度为 74.00mm,内径为 12.10mm,容量为 8.5mL。

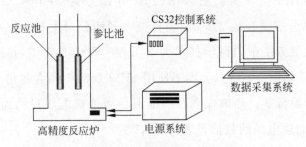

图 2-5   C80 微量量热仪示意图

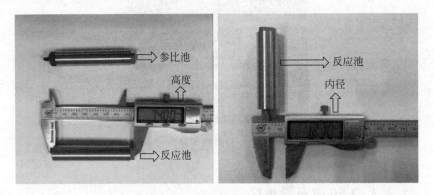

图 2-6   样品池和参比池示意图(高度=74.00mm;内径=12.10mm)

2.3.4   傅里叶变换红外光谱仪

傅里叶变换红外光谱仪(FTIR),可以对样品进行定性和定量分析,广泛应用于化工、医药、刑侦鉴定、宝石鉴定和石油煤炭等领域[74-76]。研究使用的仪器型号为 Nicolet 8700,由美国赛默飞世尔科技公司(Thermo Fisher Scientific)生产,执行 10℃/min 升温速率下的 FTIR 实验,以研究 NC 在不同温度下化学键的断裂和变化状态。在测试之前,将所有 NC 样品研磨成细粉,与 KBr 混合并压缩至半透明状,测试用气体氛围选用氮气,光谱选择范围是 $4000 \sim 500\text{cm}^{-1}$,实验仪器图如图 2-7 所示。

图 2-7　Nicolet 8700 傅里叶变换红外光谱仪实验装置图

2.3.5　热重分析-傅里叶变换红外光谱仪

热重分析仪(thermogravimetric analysis,TG),通常用以研究物质质量随温度的变化关系,被广泛应用于材料科学领域。傅里叶变换红外光谱仪(FTIR)具有样品用量少和分析速度快等特点,在分子结构鉴定上发挥着重要作用。热重分析-傅里叶变换红外光谱仪(TG-FTIR)联用技术,可以实时跟踪物质在热失重条件下释放的气态产物,并分析其随温度变化的情况,为深入研究并揭示物质的热解过程提供科学的实验结果和理论依据[77-79]。实验中使用的 TG-FTIR 系统是耦合了珀金埃尔默(PerkinElmer)公司生产的 STA 8000 同步热分析仪和 Frontier FTIR,设置管道传输线将 FTIR 与 TG 连接,用以研究 NC 的质量损失情况,并对其在热解过程中产生的典型气态产物进行分析,实验装置图如图 2-8 所

图 2-8　热重分析-傅里叶变换红外光谱仪(TG-FTIR)实验装置图

示。根据仪器的特性、要求及前人的经验进行以下条件设置：传输线经预热使温度高达 280℃，以防止逸出气体凝结。将 NC 样品(4mg)放入氧化铝坩埚中，并在 30mL/min 的氮气气氛下，以 10℃/min 的升温速率在 30～300℃ 的温度范围内加热样品，并获得 4000～500cm^{-1} 频率范围内 NC 热解气态产物的实时 FTIR 光谱。

2.3.6 裂解-气相色谱/质谱分析仪

实验研究使用的裂解器(pyrolysis，Py)是单击式裂解进样器，由日本 Frontier Laboratories 公司生产，型号为 Py-2020iD，主要适用于相对分子质量大且结构复杂的固态物质。进样方式是通过安捷伦公司生产的 G1888 顶空进样器进行，主要功能是裂解测试样品，形成易挥发的气态物质，进而通过气相色谱(gas chromatography，GC)/质谱(mass spectrometry，MS)分析仪，分析并鉴定各类裂解气态产物，装置图如图 2-9 所示。

图 2-9 裂解-气相色谱/质谱分析仪(Py-GC/MS)实验装置图

将 Py 的裂解温度设置在 210℃ 和 250℃ 两种温度下，并结合安捷伦公司生产的 GC(型号为 6890N)和 MS(型号为 5973)，共同组成裂解-气相色谱/质谱分析仪(Py-GC/MS)[80-82]。此外，设置以下实验条件，通过 GC/MS 联用系统来识别 NC 裂解释放出的气态产物：①进样器温度保持在 280℃；②使用的色谱温控方式是：在 40℃ 保持 1min，后以 5℃/min 的升温速率从 40℃ 加热至 200℃ 并保持 1min，再以 20℃/min 的升温速率加热到 280℃ 并停留 1min；③质谱仪在 70eV 的 EI 模式下运行，检测到的 m/z 的数值为 50～650。

2.4　等温验证法及非等温实验法

2.4.1　等温验证法

等温验证法是一种利用微量量热仪或差示扫描仪进行检测并表征物质自催化反应的可靠方法[83-87]，其判别准则如图 2-10 所示。

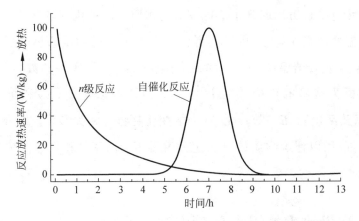

图 2-10　等温条件下 n 级反应及自催化反应判别标准[87]

即：如果在等温实验中，物质的热释放速率曲线随时间的延长而逐渐下降，说明其热解过程符合 n 级反应定律；若热释放速率曲线呈现"钟形"形状，则证明该物质具有自催化反应特性[87]。但是，等温验证法往往存在温度选择的问题。譬如，选择的实验温度过高时，只能检测到部分数据信号，容易导致曲线形态不完整；选择的实验测试温度过低时，又会导致诱导期延长和实验耗时量大等诸多问题。所以综合这些影响因素，应在物质热解反应开始温度附近，选择恰当的恒温温度进行等温实验，以进一步验证被测物质是否具有自催化反应特性。

2.4.2　非等温实验法

为了研究物质的热自燃危险性和热解特性，通常需要使用非等温实验法研究物质在不同温度下的热解行为细节，再根据热流的峰形特征判定物质在特定温度阶段发生的物理化学反应类型,进一步推断物质的热解过程和热解机理。同时,非等温实验法是获取物质热自燃危险性参数、化学动力学和热动力学参数以及临界热失控温度等相关基础数据的重要研究手段[22,24-26,29,31,67-88]。例如,为了通过实验获得物质的等转化率随温度的变化情况,必须使用不同的控温程序执行一系列非等温实验测试,通常是在不同的升温速率下进行 3~5 次运行。此外,非等温实验法在揭示物质的热危险性方面起到了不可或缺的作用。通过执行多重升温速率下的非等温实验测试,不仅可以获得更为准确可靠的物质的热解反应开始温度(T_{onset})、峰值温度(T_{peak})和最大热流(H_{peak})等实验参数,还可以计算得到更为精确的反应热(ΔH)、反应初期的活化能(E)和指前因子(A),以及活化能(E_a)随转化率(α)的变化趋势等相关参数。结合这些重要的参数,用以评价物质的自加速分解温度(SADT)和临界热失控温度(T_b)等热危险性参数。

2.5 临界热失控温度预测方法

2.5.1 化学反应热动力学理论基础

前人的研究结果表明,无模型方法(model-free method)是一种不考虑物质的反应机理并利用不同的升温数据以计算材料活化能(E)数值的方法[88]。以下主要阐述 Friedman(FR)法[89-93]、Flynn-Wall-Ozawa(FWO)法[94-98]、Kissinger-Akahira-Sunose(KAS)法[99-103]、Tang 法[104-106]以及 Vyazovkin(Vya)法[107-112]5 种无模型方法。通常,NC 发生热解反应的化学动力学由基本的动力学方程式描述,如式(2-1)所示[88]。

$$\frac{d\alpha}{dt} = k(T)f(\alpha) \qquad (2-1)$$

式中:α 表示转化率(α 范围为 0~1);$k(T)$表示速率常数;t 是时间;$f(\alpha)$是反应机理函数,描述了反应速率之间的关系和反应程度。α 的数值可以从 C80 热流曲线的峰面积得出,如式(2-2)所示[88]。

$$\alpha = \frac{\int_{T_{\text{onset}}}^{T_r} \dfrac{\text{d}H}{\text{d}t} \text{d}t}{\int_{T_{\text{onset}}}^{T_{\text{end}}} \dfrac{\text{d}H}{\text{d}t} \text{d}t}, \quad T_{\text{onset}} < T_r \leqslant T_{\text{end}} \tag{2-2}$$

式中：T_r 表示反应开始温度和反应终止温度之间的温度。将单位质量物质的反应热定义为 ΔH，可以通过在一定的温度范围内对热释放速率进行积分获得，如式(2-3)所示[88,113]。

$$\Delta H = \frac{1}{M_0} \int_{T_{\text{onset}}}^{T_{\text{end}}} \frac{\text{d}H}{\text{d}t} \text{d}t \tag{2-3}$$

在大多数情况下，反应速率常数 $k(T)$ 可以用阿伦尼乌斯(Arrhenius)方程表示，将其代入式(2-1)，可以得出

$$\frac{\text{d}\alpha}{\text{d}t} = A \exp\left(-\frac{E_a}{RT}\right) f(\alpha) \tag{2-4}$$

1. Friedman(FR)法[89-93]

FR 法是一种最常见的微分等转化率方法，该方法主要基于以下公式：

$$\ln\left[\left(\frac{\text{d}\alpha}{\text{d}t}\right)_{a,i}\right] = \ln[f(\alpha)A_a] - \frac{E_a}{RT_{a,i}} \tag{2-5}$$

通过将等转化率原理应用于式(2-4)，可以更容易地推导出式(2-5)。与式(2-4)相比，式(2-5)适用于任何温度程序。在每个给定的转化率 α 处，E_a 的数值由 $\ln[(\text{d}\alpha/\text{d}t)_{a,i}]$ 对 $1/T_{a,i}$ 的曲线斜率确定。引入数值 i 表示不同的温度程序。$T_{a,i}$ 表示的是在第 i 个温度程序下达到转化程度为 α 时的温度。对于线性非等温实验，β_i 表示单个特定升温速率，式(2-5)可进一步转化为以下公式使用：

$$\ln\left[\beta_i\left(\frac{\text{d}\alpha}{\text{d}T}\right)_{a,i}\right] = \ln[f(\alpha)A_a] - \frac{E_a}{RT_{a,i}} \tag{2-6}$$

在特定的转化率 α 下，E_a 的数值由不同升温速率 β_i 对应的 $\ln[\beta_i(\text{d}\alpha/\text{d}T)_{a,i}]$ 对 $1/T_{a,i}$ 的拟合直线斜率确定。

2. Flynn-Wall-Ozawa(FWO)法[94-98]

FWO 法是对式(2-4)进行分离变量并积分，可得

$$\int_0^\alpha \frac{d\alpha}{f(\alpha)} = \frac{A}{\beta} \int_{T_{onset}}^T \exp\left(-\frac{E_\alpha}{RT}\right) dT \qquad (2\text{-}7)$$

其中，T_{onset} 为反应开始的温度。考虑到反应刚开始时，体系温度很低，反应速率很小可忽略不计，故将方程改写为

$$\int_0^\alpha \frac{d\alpha}{f(\alpha)} = \frac{A}{\beta} \int_0^T \exp\left(-\frac{E_\alpha}{RT}\right) dT \qquad (2\text{-}8)$$

令：

$$G(\alpha) = \int_0^\alpha \frac{d\alpha}{f(\alpha)} \qquad (2\text{-}9)$$

$$\Delta T = \int_0^T \exp\left(-\frac{E_\alpha}{RT}\right) dT \qquad (2\text{-}10)$$

其中，式(2-9)为转化率积分，式(2-10)为温度积分。由于式(2-10)无解析解，因此得到近似解如下：

令：

$$u = \frac{E_\alpha}{RT} \qquad (2\text{-}11)$$

根据 $T = E_\alpha / Ru$，可得

$$dT = -\frac{E_\alpha}{Ru^2} du \qquad (2\text{-}12)$$

结合式(2-8)、式(2-9)、式(2-11)和式(2-12)，可知：

$$G(\alpha) = \frac{A}{\beta} \int_0^T \exp\left(-\frac{E_\alpha}{RT}\right) dT = \frac{AE}{\beta R} \int_0^u -\frac{e^{-u}}{u^2} du = \frac{AE}{\beta R} P(u) \qquad (2\text{-}13)$$

这样，就将寻求温度积分的问题转化为求解函数 $P(u) = \int_0^u -(e^{-u}/u^2) du$ 的问题。通过使用道尔(Doyle)近似式：

$$\ln P(u) = -5.3305 - 1.052 \frac{E_\alpha}{RT} \qquad (2\text{-}14)$$

联立式(2-13)和式(2-14)，可得

$$\ln \beta_i = \ln \frac{AE_\alpha}{RG(\alpha)} - 5.3305 - 1.052 \frac{E_\alpha}{RT_{a,i}} \qquad (2\text{-}15)$$

根据式(2-15)，可以采用以下方法求得活化能 E_α。即在不同的升温

速率下,选择相同的转化率 α,因 $\ln AE_\alpha / RG(\alpha)$ 是定值,根据 $\ln\beta_i$ 与 $1/T_{\alpha,i}$ 呈线性关系,依照其斜率数值,进一步推断出 E_α 的数值。

3. Kissinger-Akahira-Sunose(KAS)法[99-103]

类似地,Murray 和 White 提出了更为精确的近似方法,即 KAS 法,该方法被表示为

$$\ln\left(\frac{\beta_i}{T_{\alpha,i}^2}\right) = C - \frac{E_\alpha}{RT_{\alpha,i}} \tag{2-16}$$

式中,C 为常数。与 FWO 法相比,KAS 法大大提高了 E_α 数值的准确性。式中,β_i 代表不同的升温速率,基于 KAS 法,对 $\ln(\beta_i/T_{\alpha,i}^2)$ 和 $1/T_{\alpha,i}$ 的数据点进行线性拟合,并根据拟合直线的斜率求得 E_α 的数值。

4. Tang 法[104-106]

Tang 等提出了一种更为精确的近似方法,如式(2-17)所示:

$$\ln\left(\frac{\beta_i}{T_{\alpha,i}^{1.894661}}\right) = C - 1.001450\frac{E_\alpha}{RT_{\alpha,i}} \tag{2-17}$$

类似地,E_α 的数值可以从一系列 $\ln(\beta_i/T_{\alpha,i}^{1.894661})$ 和 $1/T_{\alpha,i}$ 的数据点对应的拟合直线斜率推断出来。

5. Vyazovkin(Vya)法[107-112]

近年来,Vyazovkin 提出了一种非常先进的等转化率方法,用以分析活化能和转化率之间的关系和依赖程度。根据该方法,执行 n 次不同升温速率的非等温实验,通过找到某一特定转化率下的 E_α 数值,使得下面的函数最小化:

$$\Phi(E_\alpha) = \sum_{i=1}^{n}\sum_{j\neq i}^{n}\frac{J[E_\alpha, T_i(t_\alpha)]}{J[E_\alpha, T_j(t_\alpha)]} \tag{2-18}$$

式中:下标 i 和 j 表示在不同升温速率下进行的两次实验的序数。因此,α 表示与给定转化程度相关的值。在这种方法中,积分由式(2-19)进行估算:

$$J[E_\alpha, T_i(t_\alpha)] = \int_{t_\alpha-\Delta\alpha}^{t_\alpha}\exp\left[-\frac{E_\alpha}{RT_i(t)}\right]\mathrm{d}t \tag{2-19}$$

如式(2-19)所示,假设小区域 $\Delta\alpha$ 内的活化能 E_α 恒定,通过对实验数据使用梯形法进行积分以获得 J 的数值,将其代入式(2-18)后,再执行最小化程序以确定使式(2-19)成立的 E_α 数值。

2.5.2　临界热失控温度确定

临界热失控温度(T_b)被视为确保含能材料安全储存或加工处理的重要参数,被定义为反应从热解开始转变为热爆炸的最低温度,通常作为预测热失控发生的临界条件[114-117]。根据燃烧理论和相关动力学参数,可通过式(2-20)和式(2-21)获得 T_b。

$$T_{onset} = T_{e0} + b\beta_i + c\beta_i^2 + d\beta_i^3, \quad i = 1 \sim 4 \tag{2-20}$$

$$T_b = \frac{E_A - \sqrt{E_A^2 - 4E_A R T_{e0}}}{2R} \tag{2-21}$$

式中:β_i 是升温速率;b、c 和 d 是系数;R 是气体常数;对应于 $\beta_i \to 0$ 的开始温度(T_{onset})的值(T_{e0})由式(2-20)获得;E_A 可以根据 Vya 法得出。

2.6　本章小结

本章主要对实验材料、实验装置和原理方法 3 个方面进行了归纳总结,是本书的基础部分。主要介绍了实验所用的 NC 材料,并详细分析了不同含氮量 NC 样品的选用依据;同时,对本书涉及的元素分析仪、扫描电子显微镜、C80 微量量热仪、傅里叶变换红外光谱仪、热重分析-傅里叶变换红外光谱同步分析仪和裂解-气相色谱/质谱分析仪这 6 种实验仪器进行了详细介绍;最后,介绍等温验证法、非等温实验法和临界热失控温度预测方法等原理方法,用以验证并揭示物质的材料特性、热解特性、临界热失控温度以及整个热解过程等,为后期评价物质的热自燃危险性提供理论基础。

第3章

硝化纤维素热解特性研究

3.1 引言

作为纤维素的衍生物,硝化纤维素(NC)已被广泛应用于工业领域和军工领域,包括用于制作赛璐珞、清漆和固体火箭推进剂的原料等[8-13]。同时,NC 作为一种危险化学物质,具有典型的危险特性,如高的冲击敏感性、较差的化学稳定性、易燃性和易爆性等。特别是,如果系统内 NC 的热量产生速率远高于热量散失速率,就会发生热量积聚,最终可能引发灾难性的火灾或爆炸事故[6,14,16-18,113,118]。其中,在中国天津港发生了一起迄今为止由 NC 自燃引发的、最为严重的特别重大火灾爆炸事故,事故现场形成了两个巨型炸坑,总能量高达 450 个 TNT 当量,波及面极广,共造成 165 人死亡,8 人失踪和 798 人受伤,损失极其惨重。事故的直接原因是:NC 的包装破损使得湿润剂散失,干燥的 NC 在散热条件极差的集装箱内发生自燃,最终导致周边硝酸铵等危险化学物质发生爆炸[14]。因此,为了理解并维护恰当的安全规程,有必要揭示 NC 在生产、运输和存储过程中的热解特性和热危险性。

前人进行了许多科学研究,以研究 NC 的热解特性、微观结构、化学动力学和热力学参数等[17,19-32,119-121]。例如,Pourmortazavi 等对比了氮气气氛中,50~20℃/min 的高升温速率下,含氮量对 NC 热解的影响,证实 NC 的热稳定性随含氮量的增加而降低[24]。在另一项研究中,Sovizi 等分析了微米级 NC 和纳米级 NC 的热解行为和微观结构,揭示了纳米级 NC 的热危险性更高。此外,他们还通过使用 ASTM E969 和 Ozawa 方法获得了相关的动力学参数[25]。进一步地,Katoh 等发现空气气氛中,0.02℃/min 的升温速率下,在 NC 和用二苯胺(DPA)或钾长石Ⅱ(AKⅡ)作为安定剂处理过的 NC 材料的热流曲线上,检测到主放热峰前出现小型放热峰[22]。He 等研究了湿润剂对 NC 热稳定性、微观结构和燃烧特性的影响,结果表明使用异丙醇和乙醇作为湿润剂的 NC 在微观结构上差异极小,但前者具有更大的火灾危险性。且外部结构对 NC 的防火性能有一定的影响,片状的 NC 与纤维状 NC 相比,具有更低的火灾隐患[26]。

前人的大多数研究都集中于高升温速率(5~20℃/min)下 NC 的热解特性。但在实际的储运过程中,NC 在 40℃时就会缓慢分解并释放热量[14,18]。与较高的升温速率相比,低升温速率可以更好地模拟 NC 的实际热解过程并捕获更多其在热解过程中的细节和微小变化。由于 NC 的热危害程度与被硝化程度(或含氮量)直接相关,且低升温速率下不同含氮量 NC 的结构特性和热解特性,如微观结构、峰形特征、反应特性和相关动力学参数等诸多科学问题尚未解决,因此有必要结合理论模型和实验手段,揭示含氮量对 NC 热解特性的影响。

3.2　研究思路及实验方案

3.2.1　研究思路

C80 微量量热仪是一种热分析仪器,常用于研究等温和非等温条件下 NC 的热解动力学参数[65-67]。借助于扫描电子显微镜(SEM)可以比较不同含氮量 NC 的微观结构。为了获得不同含氮量 NC 在不同反应阶段的动力学参数变化,通常采用一种先进的无模型方法。与单升温速率下的模型拟合方法相比,由国际热分析和量热联合会(International

Confederation for Thermal Analysis and Calorimetry, ICTAC)推荐的多升温速率下的转换率方法不仅可以规避方法上的缺陷,还可以提供更可靠的动力学参数[88]。

含能材料的动力学研究是至关重要的,它有助于理解物质的热解特性,并深入评估反应放热对处理、加工、储存和使用过程的潜在危害[122]。通常,需要分析几个重要参数。例如:单位质量 NC 样品的热释放量;从实验热流曲线中提取出升温速率和特征温度等数据,并在此基础上推导出不同 NC 样品的临界热失控温度。此外,借助 C80 微量量热仪进行一系列等温实验(150℃和 175℃),用以验证 NC 是否具有自催化特性并表征其在等温条件下的热解反应过程。

3.2.2　实验方案

实验选用 4 种 NC 材料,它们的含氮量分别为 11.43%、11.50%、11.98%和 12.87%,由广东省博瑞化工原料厂提供。为方便描述,将不同含氮量的 NC 样品分别标记为 NC-11.43、NC-11.50、NC-11.98、NC-12.87。实验前,所有材料均置于真空干燥机中,以防止其他因素的干扰。通过使用电子天平将测试中使用的 NC 样品质量控制在 0.05g 左右。

为了获得 4 种含氮量 NC 的结构特征以及热解过程中的更多细节,本书对比了其宏观结构和微观结构,并在实验中采用了非等温和等温两种方法。对于非等温实验,实验研究中使用的升温速率是前人研究使用的升温速率的 1/25～1/100,即 0.2℃/min、0.4℃/min、0.6℃/min 和 0.8℃/min,实验温度范围是室温至 300℃。对于等温实验,执行的控温程序共分 4 个阶段:第一阶段是初始稳定阶段,在 30℃下稳定 1800s;第二阶段是加热阶段,温度以 1℃/min 的升温速率从 30℃升高到设定的恒定温度(150℃和 175℃);第三阶段是恒温阶段,维持稳定的时间为 40000s;第四阶段是冷却阶段,以 0.9℃/min 的降温速率从设定温度冷却到 30℃。根据第三阶段的恒温数据以鉴定 NC 的热解反应是否具有自催化反应特性。

3.3 硝化纤维素结构特性

3.3.1 宏观结构特性

图 3-1 显示了不同含氮量 NC 的宏观结构,它们呈现相似的白度和与纤维素类似的粉状软纤维结构。

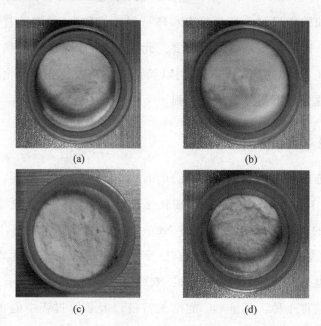

(a) (b)

(c) (d)

图 3-1 不同含氮量 NC 的宏观结构

(a) 11.43%(NC-11.43);(b) 11.50%(NC-11.50);

(c) 11.98%(NC-11.98);(d) 12.87%(NC-12.87)

3.3.2 微观结构特性

通过使用 SEM 确定 4 个样品在物理微观结构上的差异。借助 Philips XL30 ESEM-TMP SEM(荷兰产),以 10kV 的加速电压记录扫描电子显微照片,不同放大率下 4 种 NC 样品的 SEM 图像如图 3-2 所示。

在低放大倍率(200μm 尺度)下,不同含氮量 NC 在结构上的对比度最大,尤其在棉纤维断裂程度上,不难发现,NC 的断裂程度和断裂位置

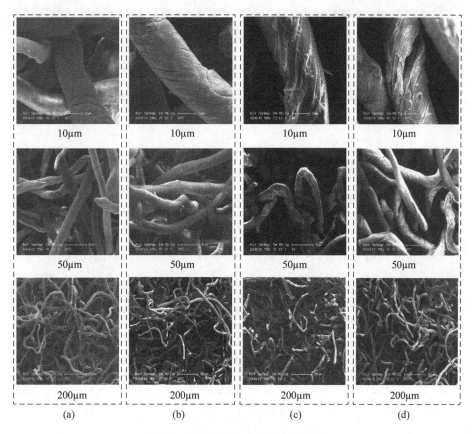

图 3-2 不同含氮量 NC 的 SEM 图像

(a) 11.43%（NC-11.43）；(b) 11.50%（NC-11.50）；

(c) 11.98%（NC-11.98）；(d) 12.87%（NC-12.87）

处的粗糙程度均随含氮量的增加而加大。此外，在中等放大倍率（50μm 尺度）下，很容易观察到 4 个样品内的缠绕状纤维结构，且纤维间距差异不大，而其表面粗糙程度随含氮量的增加而增大。此外，在高倍率（10μm 尺度）下，可见 NC-11.43 表面光滑，只有少量微裂纹；NC-11.50 表面略粗糙，有小裂纹；NC-11.98 表面的小裂纹进一步扩大；NC-12.87 在其相对粗糙的表面上呈现出较大的裂隙。经测量确认，NC 的纤维直径约为 20μm。先前的研究主要集中在改性 NC 的微观结构上，认为不同含氮量的 NC 结构差异不大。然而，在更高数量级的结构放大检测中，可以发现含氮量对 NC 的微观结构有重大影响。

也就是说,含氮量越高,NC 的纤维断裂程度越大。NC 的燃烧速率随比表面积的增加而增高,因其与大气中的氧气接触面积更大[55]。Hurley 发现纤维之间的空腔可以为氧化气体进入样品内部提供有效的扩散空间[56]。因此,可以推断,大的表面裂纹增加了 NC 与氧气之间的接触面积,扩大比表面积,从而促使反应发生。

3.4　线性升温条件下硝化纤维素热解行为

以 0.2℃/min、0.4℃/min、0.6℃/min 和 0.8℃/min 的恒定加热速率进行升温实验,研究含氮量对 NC 热解特性的影响。图 3-3 显示了 0.2℃/min 升温速率下不同含氮量 NC 样品在空气中的热流曲线。

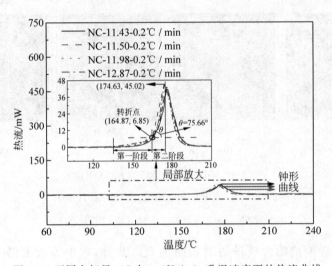

彩图 3-3

图 3-3　不同含氮量 NC 在 0.2℃/min 升温速率下的热流曲线

在图 3-3 的每条曲线上仅检测到一个放热峰,从局部放大图中,不难看出 NC-12.87 的热流曲线上存在明显的转折点,即在该点之后热释放速率突然增大。此处认为,转折点是热流曲线上具有特征温度的点,该特征温度是热流曲线的基线和热流曲线上突然上升点处切线的交点温度。热流曲线突然上升点对应于在反应开始温度和峰值温度之间热释放速率变化率最大的点。基线则是在不同升温速率下的实验测试基线(空池子无荷载)。根据转折点,可将 NC 的整个热解过程划分为两个阶段。在转折点之前,热释放速率缓慢增加,在该点之后,热流曲线急剧增加直至峰值。为了描述 NC-12.87 在热流曲线上第二阶段的"陡度",我们定义了一个参数 θ,该参数表示转折点到峰值的直线与温度轴之间的夹角。在 NC-12.87 的热曲线上,θ 值为 75.66°,相比之下,NC-11.43、NC-11.50 和 NC-11.98 的热流曲线呈现钟形特质,整个过程是连续的,未出现转折点。

在 0.4℃/min 的升温速率下,不同含氮量 NC 的热流曲线形状如图 3-4 所示。不难发现,所有的热流曲线上都有且仅有一个放热峰,NC-11.43、NC-11.50 以及 NC-11.98 的热流曲线峰形均呈现"钟形"特征,且整个反应过程是连续不断的。然而,从局部放大图中不难看出,有明显的转折点出现在 NC-12.87 的热流曲线上。即:在 179.50℃之前,NC-12.87 的热流曲线增长得极为缓慢;在该温度之后直至热流峰值温度,热流曲线以近似线性的增长方式($\theta=89.23°$)上升至最大值 524.26mW。转折点之后的热流曲线与过该点且平行于温度轴的直线,形成了一个近似"直角三角形"的峰包络,进一步表明含氮量的增加使得 NC 的热解反应更为剧烈。

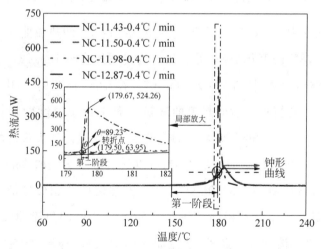

彩图 3-4

图 3-4　不同含氮量 NC 在 0.4℃/min 升温速率下的热流曲线

在 0.6℃/min 的升温速率下,不同含氮量 NC 的热解行为如图 3-5 所示。同样地,NC-11.43、NC-11.50 和 NC-11.98 的热流曲线都只有一个放热峰,且整个热解反应过程均是连续不断的,且都呈现"钟形"特征。NC-12.87的热流曲线上出现了明显的转折点,它从162.78℃开始分解,在183.87℃之前分解缓慢。热流在183.87℃之后以近似垂直于温度轴的直线形增长方式($\theta=89.97°$)增加至544.40mW,同样呈现尖锐的"直角三角形"形状。

彩图 3-5

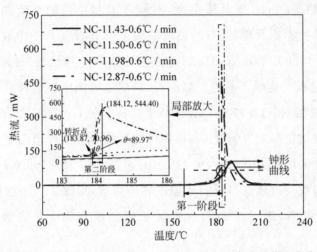

图 3-5   不同含氮量 NC 在 0.6℃/min 升温速率下的热流曲线

以图 3-6 中 0.8℃/min 升温速率下 NC-12.87 的热流曲线为例,发现 NC 在 164.76℃时开始分解,然后热流缓慢增加直至 186.12℃。之后,热流以近似线性的增长方式($\theta=89.97°$)在 186.48℃时上升至最大值 659.30mW。转折点之后的热流曲线被一条平行于温度轴的直线包围,形成了一个"直角三角形"形状。顾名思义,它代表一种尖锐的峰,更适合用以描述放热释放速率的突然增加,可以代表整个热流曲线的分解特性。尽管 NC-11.43、NC-11.50 和 NC-11.98 的热流曲线相似且都呈钟形,但特定的分解参数却大不相同。随含氮量增加,NC 的热流曲线向低温区域移动,最大热流增加。此外,热流曲线的形状从"钟形"转变为"直角三角形"。

作为描述热流曲线变化率的重要参数,热释放速率梯度的变化可用于评估物质的热危害。图 3-7 显示了在 0.8℃/min 升温速率下 NC 样品

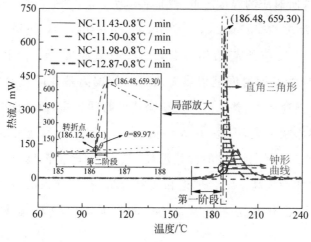

彩图 3-6

图 3-6　不同含氮量 NC 在 0.8℃/min 升温速率下的热流曲线

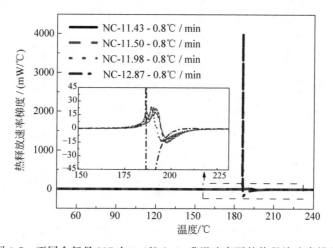

彩图 3-7

图 3-7　不同含氮量 NC 在 0.8℃/min 升温速率下的热释放速率梯度

的热释放速率梯度。不难发现,NC-12.87 的峰值约为 4000mW/℃,约为 NC-11.43、NC-11.50 和 NC-11.98(其峰值约为 25mW/℃)的 160 倍。此外,NC-12.87 的热释放速率梯度在低于 NC-11.43、NC-11.50 和 NC-11.98 的温度下,首先达到最大值。随着含氮量的增加,NC 的热流曲线从"钟形"转变为"直角三角形",且热释放速率变化率随之增加,由此推断,12.87% 的含氮量和 0.8℃/min 的升温速率可能是 0.05g NC 样品发生燃烧或爆炸的临界状态。综上所述,含氮量越高,NC 热释放速率梯度的峰值越大,且所对应的温度越低,热危害越大。

图 3-8 为 0.2℃/min、0.4℃/min、0.6℃/min 和 0.8℃/min 升温速率下 NC-11.43 样品反应的起始温度(T_{onset})、峰值温度(T_{peak})和热流峰值 (H_{peak}),反应的起始温度是指热流曲线开始偏离基线的点对应的温度。在较高的升温速率下,整个分解反应完成的时间较短,但理论上升温速率对总的放热影响不大,因此,最大峰值(H_{peak})随着升温速率的增加而增大。此外,空气气氛下 NC 的起始温度(T_{onset})和峰值温度(T_{peak})均随升温速率的增加而提高。结合理论和实验分析,并与前人的研究结果进行对比,证实随着升温速率的增加,NC 的热流峰值增大,总放热量基本不变。

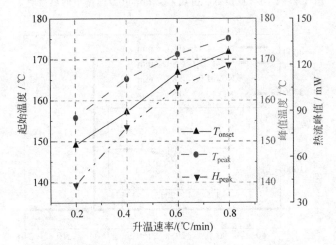

图 3-8　不同升温速率下 NC-11.43 的起始温度(T_{onset})、峰值温度(T_{peak})和
热流峰值(H_{peak})

低升温速率下的实验结果表明,NC-12.87 的"直角三角形"热流曲线形状随升温速率的增加而更加清晰。角度 θ 的变化值显示,在该实验中最低的升温速率(0.2℃/min)下,反应物长时间停留在低温区域,产生更多的中间产物并促进反应完全。与其他 3 个升温速率相比,对应的最大热流要低得多,且曲线形状也不清晰,故而未曾显现出较高的升温速率(0.4℃/min、0.6℃/min 和 0.8℃/min)下呈现的直角三角形形状。

3.5 等温条件下硝化纤维素热解行为

从 NC-12.87 的热流曲线呈现"直角三角形"特性可以看出,前期诱导期较长,但在一定温度下,NC 的热释放速率急剧增加,这与物质的自催化特性密切相关。等温实验被广泛认为是鉴别自催化过程的可靠方法[87],因此在起始温度范围内,选择较高的温度(约 175℃)和较低的温度(约 150℃)进行等温实验,用以验证 NC 的热解是否为自催化反应,如图 3-9 所示。不难发现,所有的热流曲线均显示为"钟形",符合验证自催化反应的标准(参见 2.4.1 节),由此证明 NC 的热解反应是一种自催化反应。值得注意的是,图 3-9(a)中的"峰值包络"包含 2~3 个非显著的小型放热峰,推测是在一定温度下产生了一些中间产物,导致了多个平行反应的发生。

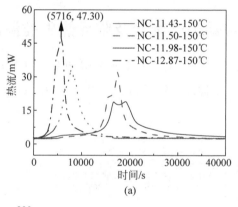

(a)

彩图 3-9

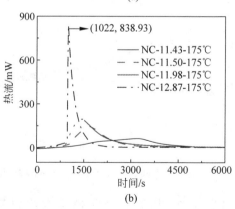

(b)

图 3-9 NC 在空气气氛中的等温实验
(a) 150℃;(b) 175℃

值得注意的是,与175℃下的其他3个样品[图3-9(b)]相比,NC-12.87的热流曲线形状更像是"直角三角形",而不是常见的"钟形"。这一结果表明,NC的自催化特性不仅随着含氮量的增加而增大,而且随着等温温度的升高而增加。此外,NC-12.87的热释放速率和总放热量远高于NC-11.43、NC-11.50和NC-11.98。且高含氮量的NC比低含氮量的NC更快地达到其最大热释放速率,从而带来更大的热危害。从图3-9(b)可以看出,达到NC-12.87的最大热释放速率所需时间为1022 s,约为图3-9(a)所需时间的1/6。这种现象表明,通过提高等温温度可以缩短达到最大热释放速率的时间。

综上,在较高的等温温度下,NC的自催化特性更加明显。另外,含氮量越高,自催化特性越清晰,热危害越大。

3.6　化学反应动力学参数及临界热失控温度研究

结合上述化学反应热动力学理论基础和C80实验结果,下面以NC-11.98为例,研究NC样品在不同理论方法下的E_a数值,如图3-10所示。

彩图3-10

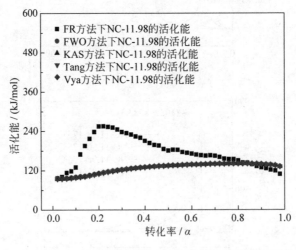

图3-10　NC-11.98在不同理论方法下的活化能随转化率变化

不难发现,除FR法外,其他4种无模型方法(FWO法、KAS法、Tang法以及Vya法)计算得到的E_a数值变化趋势保持高度一致。因

FR 法属于微分等转化率方法,在将微分方法应用于积分数据时,需要使用数值微分,这个过程引入了不精确度,并且当原始数据被平滑处理时也可能引入不准确性因素[88]。考虑到这些问题,本书主要采用目前认可度最高的、更为先进的 Vya 法计算 E_α 数值,这样的结果准确度、精确度更高[17]。

表 3-1 显示了不同含氮量 NC 的反应动力学、热力学参数和临界热失控温度(T_b)。结果表明,随着含氮量的增加,4 个 NC 样品的反应热(ΔH)增大,即含氮量越高,产生的热释放量越大。图 3-11 显示了利用 Vya 法,计算出不同转化率下不同含氮量 NC 的活化能。结果表明,当转化率(α)小于 10% 时,NC 的活化能(E_α)随含氮量的增加而降低,这与转折点之前的初始反应阶段相对应。此后,E_α 数值增加,且呈现出与初始反应阶段相反的规律变化。作为一种具有自催化特性的含能材料,NC 在反应初期是缓慢地开始,随着催化产物的积累,反应速率迅速增加。鉴于是针对反应初期 NC 的热解特性,所以使用转化率低于 10% 时的 E_α 平均值(E_A)用以计算临界热失控温度。结果表明,含氮量越高,反应产生的热量越大,反应越快且越容易发生。

表 3-1　NC 样品的相关动力学参数和临界热失控温度(T_b)

样品编号	反应热 ΔH/ (J/g)	活化能 E_A/ (kJ/mol)	理论反应开始温度 T_{e0}/℃	临界热失控温度 T_b/℃
NC-11.43	2991.92±195.28	91.40	137.92	154.56
NC-11.50	3038.79±233.62	90.53	136.89	153.62
NC-11.98	3396.87±149.19	89.03	126.62	142.77
NC-12.87	4073.46±272.70	72.37	119.71	139.25

根据等温实验结果,NC 的热解过程被证实是自催化反应。该反应意味着只要有产物生成,它就可以作为催化剂促进反应继续进行。当催化剂积累到一定程度时,反应速率可以急剧提高。此外,如表 3-1 最后一栏所示,4 个 NC 样品的临界热失控温度(T_b)随着含氮量的增加而降低。其中,含氮量为 11.43% 的 NC 的 T_b 约为 154.56℃,而 NC-12.87 的 T_b 仅约为 139.25℃。这主要是因为高含氮量 NC 和其相应较大的裂纹微观

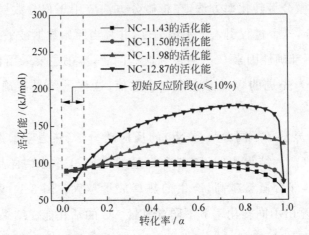

彩图 3-11

图 3-11　不同含氮量 NC 在不同转化率下的活化能

结构迫使物质与空气的接触面积增加,从而促使反应更容易进行,导致高含氮量 NC 表现出更严重的热危害。

3.7　本章小结

　　为了研究含氮量对 NC 的结构特性和热解特性的影响,本章通过 SEM 和 C80 微量量热仪进行了一系列实验测试。基于 Arrhenius 方程和各种理论模型,获得了低升温速率下 NC 的相关化学动力学和热力学参数,包括反应热(ΔH)和不同转化率(α)下的活化能(E_a)分布等。此外,还得出了不同含氮量 NC 的临界热失控温度(T_b),用以指导安全生产。主要结论有以下几条:

　　(1) NC 样品的 SEM 结果显示,含氮量越高,纤维结构表面裂纹裂隙越多,粗糙度越高,这些是增大物质和空气之间接触面积的有利因素,有利于促进反应进行。

　　(2) 低升温速率实验有助于检测并揭示高含氮量 NC 热流曲线上存在的“转折点”。升温速率和含氮量的增加,使得最大热流随之增大。

　　(3) NC 的热流曲线从“钟形”转变为“直角三角形”,可能是高含氮量和高升温速率下的燃烧或爆炸过程造成的。含氮量增加,导致热流峰值

（H_{peak}）、热释放速率梯度和反应热量（ΔH）增加。另外，活化能在反应初始阶段的数值降低。即含氮量越大，热流峰越窄，热解反应越剧烈，放热量越大，反应越容易发生。

（4）通过等温实验法，证实了 NC 的热解反应是一种自催化反应，且其自催化特性随含氮量和等温温度的增加而增大。

（5）含氮量的增加导致 NC 的临界热失控温度（T_b）降低。因此，建议在生产、储存和运输过程中对热危害更为严重的高含氮量 NC 予以高度重视，并采取更多的预防措施。

第4章

硝化纤维素热解产物分析

4.1　引言

　　硝化纤维素(NC)是一种高度易燃的聚合物,通常用于工业和军事领域[1,6,8-13]。NC 的化学方程式为$[C_6H_7O_2(OH)_{3-x}(ONO_2)_x]_n$,其中：$x$ 表示取代度,与给定 NC 材料的含氮量密切相关[6]。NC 的化学结构式如图 4-1 所示,通常,低含氮量 NC 被广泛用于制作赛璐珞,而高含氮量 NC 则常用于制作炸药和推进剂粉末等[8-13]。

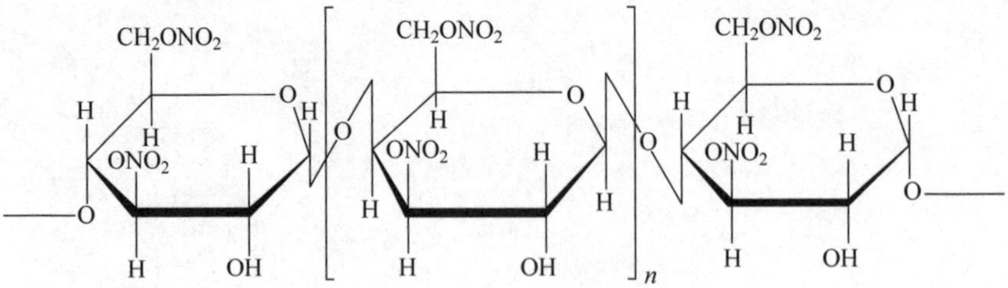

$$CH_2ONO_2 \qquad CH_2ONO_2 \qquad CH_2ONO_2$$

图 4-1　NC 的化学结构

　　由于 NC 的危险特性,例如高的冲击敏感性和较差的化学稳定性,使得其具有引起火灾和爆炸的巨大可能。近年来,来自多个国家的火灾爆炸事故报道显示,严重的人员伤亡及财产损失与 NC 的热解有一定的关联[6,14,16-18,113,118]。其中最痛心的事故之一是 2015 年 8 月 12 日在中国天津港发生的一起特别重大火灾爆炸事故,共造成 165 人死亡,直接经济损失高达 10 亿美元。调查表明,事故发生的直接原因是 NC 自燃,随后致使周围化学物质燃烧并进一步引发爆炸[14]。由于 NC 热解引发的事故极具破坏性和灾难性,故而详细了解其热解过程至关重要。此外,NC 的热危害与其含氮量直接相关,因此,厘清含氮量对 NC 热解行为的影响规律对于建立科学合理的安全规程至关重要。

先前的研究主要集中在 NC 及其混合物的热稳定性上,并评估了它们的热行为、化学动力学和临界热失控参数等[17,19-43,119-121]。其中,Pourmortazavi 等[24]报道了氮气气氛中,NC 的热稳定性随着含氮量的增加而降低。该实验结果与热流曲线随 NC 含氮量升高向低温区域的移动有关,导致起始温度降低,释放的总热量随之增加。识别 NC 在裂解过程中释放的气态产物,有助于改善对 NC 热解行为的认识,并为调节其热稳定性奠定科学基础。Kumita 等[37]利用 FTIR 来确定 NC 热解产物的几个关键特征,包括羟基、氢过氧化物和羰基等。前人的多项研究也证实了 NC 在其分解过程中有含羰基类产物的生成[6,33-43]。Liu 等借助于裂解-气相色谱法[36]成功地测定了 NC 在裂解过程中释放的大多数轻质气体,但前人关于 NC 在热解过程中产生的主要氮氧化物尚未达成共识。例如,Daureman 等[38]将快速扫描质谱仪连接到束流燃烧器上,用以检测在氮气气氛下 NC 热解过程中产生的气态挥发物,并确定生成的主要氮氧化物为 NO。然而,其他的部分工作则表明二氧化氮(NO_2)是 NC 热解过程中的主要挥发物[40-41],并推断 NC 热解反应发生的初始步骤是 CO—NO_2 键的断裂。同时,Robertson 和 Napper[42]发现,通过使用 Will 测试程序,在 NC 的热解过程中,检测到 NO 和 NO_2 共存。此外,邵自强等[6]提出了 NC 的热解机理,NC 的整个热解过程被广泛划分,包括一些轻质气态产物。近年来,更有一些研究推断了 NC 在整个分解过程中化学键断裂的位置和先后顺序,并提供了对其热解机理的新见解[33-35]。

4.2 研究思路及实验方案

4.2.1 研究思路

由于前人对 NC 热解产物的研究仅仅局限于特定含氮量的 NC,目前尚未有关于含氮量对 NC 的结构特征、热解过程中产生的气态产物类别以及主要的氮氧化物分布的影响研究。因此,在本项研究工作中,结合 SEM 和 FTIR 用以分析 NC 的微观结构特征和分子结构特性。通过 TG-FTIR 和 Py-GC/MS 分析仪,鉴定不同含氮量 NC 在各个温度阶段下获得的主要热解产物,这些实验结果可为不同含氮量 NC 的化学反应细节提供理论依据。将不同温度下检测并鉴定的 NC 气态产物类型用于研究并完善 NC 的整个热解过程。同时,有助于指导功能性材料的合成、催化剂的添加,以及通过增加或减少反应过程中形成的中间产物对推进剂进行改性[123-124]。另外,该项工作也可为涉及工程仿真的研究提供理论支持。

4.2.2 实验方案

NC 被认定为易燃物质,通常将 12% 的含氮量视为高含氮量 NC 和低含氮量 NC 之间的界限。中国广东博瑞化学原料厂提供了 3 种极具代表性的 NC 样品,即低含氮量 NC、边界含氮量 NC 和高含氮量 NC。

实验之前,所有的 NC 材料都存储在真空干燥箱内,以防止样品与外界的影响因素相互作用。并利用 VarioEL Ⅲ 元素分析仪对 3 种 NC 样品的含氮量数值进行测定。为确保所用 NC 样品的含氮量数值可靠并准确,对其进行 3 次测量,测量值如表 4-1 所示。并求取平均值作为 NC 样品的含氮量数值。

表 4-1　不同 NC 样品中的 N、H 和 C 元素含量的 3 次测量值

化学元素	元素含量测量值/%								
	NC-11.63			NC-11.92			NC-12.60		
N	11.67	11.60	11.63	11.95	11.93	11.89	12.62	12.60	12.59
H	3.17	3.12	3.20	3.05	3.02	3.09	2.74	2.75	2.70
C	26.58	26.47	26.60	26.30	26.18	26.27	25.24	25.18	25.10

根据 NC 的纤维结构特征,进行多重放大倍率下的 SEM 实验,最终选定 10μm 尺度下的 SEM,因其可对 NC 的微观结构进行有效放大。同时,为获得 NC 的分子结构及其在热解过程中的基团变化,利用 FTIR,以 10℃/min 的恒定升温速率从 30℃ 加热至 300℃。根据 TG-FTIR,分别以 10℃/min、20℃/min、30℃/min 和 40℃/min 的恒定升温速率从 30℃ 加热至 300℃。因不同升温速率下 TG 和 FTIR 图谱差异极小,故而选定 10℃/min 升温速率作为研究主体,用以研究氮气气氛中,10℃/min 的升温速率下,从室温加热至 300℃ 的热重(TG)曲线、TG 的一次微分(DTG) 曲线,以及不同含氮量 NC 热解产物的三维 FTIR 图谱。根据 NC 热解产生气态产物的吸光度峰值温度,将 Py-GC/MS 分析仪的测试温度分别定为 210℃ 和 250℃,用以分析并鉴别 NC 热解过程中产生的气态物质。

4.3 硝化纤维素材料特性

4.3.1 元素分析检测

使用德国生产的 VarioEL Ⅲ Elementar vario EL cube 对 3 种 NC 样品进行元素分析测试(每种样品 3 次测试实验),以确定氮(N)、氢(H)和碳(C)的元素含量。

表 4-2 显示了 NC 样品中元素含量测定的平均值、标准偏差和不确定度。根据表中数据可以发现,随着样品中含氮量的增加,H 和 C 的含量逐渐降低,这与取代硝基的数量增加直接相关。用于实验研究的 NC 样品根据含氮量从低到高的顺序,分别标记为 NC-11.63、NC-11.92 和 NC-12.60。

表 4-2 NC 样品元素分析的平均值、标准偏差和不确定度

化学元素	NC-11.63/NC-11.92/NC-12.60		
	平均值/%	标准偏差/%	不确定度/%
N	11.63/11.92/12.60	0.03/0.02/0.01	0.02/0.01/0.01
H	3.16/3.05/2.73	0.03/0.03/0.02	0.02/0.02/0.01
C	26.55/26.25/25.17	0.06/0.05/0.06	0.03/0.03/0.03

4.3.2 纤维结构特性

不同 NC 样品的宏观结构在颜色和质地方面相似,呈现相似的白度和柔软的粉末状纤维结构,如图 4-2 所示。图 4-3 显示了利用 SEM 以获得 3 种样品在 $10\mu m$ 尺度下的 SEM 图像。NC-11.63 的纤维表面较为平整,裂纹细微且浅。随着含氮量的增加,纤维表面裂缝加深,扭曲变形程度也随之增加,这与上一章节的研究结果一致。且样品的纤维表面出现分叉,纤维直径约为 $20\mu m$。这些结果表明,高含氮量 NC 的比表面积更大,与其热解过程中产生的气体之间接触面积增加,可以促进反应发生[55-56]。

图 4-2　不同含氮量 NC 的宏观结构

(a) NC-11.63;(b) NC-11.92;(c) NC-12.60

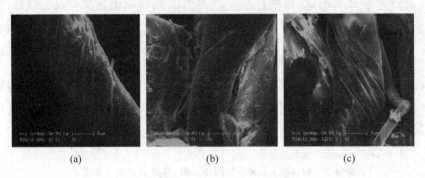

图 4-3　不同含氮量 NC 在 $10\mu m$ 尺度下的 SEM 图像

(a) NC-11.63;(b) NC-11.92;(c) NC-12.60

4.3.3 分子结构特性

根据前人的研究报道,对不同含氮量 NC 在 30℃下的 FTIR 光谱特征峰进行标定,如图 4-4 所示[6,125-127],并未观察到 3 种不同含氮量 NC 样品在红外图谱上明显的差异。本实验以 3440cm^{-1} 处—OH 的拉伸振动吸光度为基准,计算了不同含氮量 NC 样品的特征峰吸光度,如表 4-3 所示。

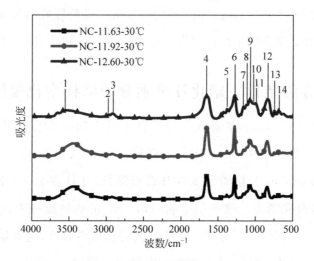

彩图 4-4

图 4-4　不同含氮量 NC 在 30℃下的 FTIR 光谱

表 4-3　不同含氮量 NC 在 FTIR 光谱中的特征峰谱带、特征基团及相对吸光度
(基于 3440cm^{-1} 处—OH 的拉伸振动吸光度计算得到)

编号	波数/cm^{-1}	特 征 基 团	相对吸光度		
			NC-11.63	NC-11.92	NC-12.60
1	3440	—OH 拉伸振动	1	1	1
2	2968	—CH$_2$ 不对称拉伸振动	0.02	0.02	0.09
3	2927	—CH 拉伸振动	0.08	0.07	0.30
4	1661	—NO$_2$ 不对称拉伸振动	1.94	2.35	3.50
5	1381	—CH 弯曲振动	0.18	0.18	0.47
6	1279	—NO$_2$ 对称拉伸振动	1.86	2.33	3.04
7	1159	不对称氧桥拉伸振动	0.18	0.20	0.63
8	1116	不对称环拉伸振动	0.06	0.07	0.14
9	1067	环间 C—O 拉伸振动	0.57	0.65	0.59
10	1022	环内 C—O 拉伸振动	0.02	0.03	0.04
11	1002	环内 C—O 拉伸振动	0.10	0.14	0.41
12	836	—NO$_2$ 拉伸振动	0.94	1.13	2.66
13	746	—NO$_2$ 螺旋振动	0.13	0.15	0.66
14	688	—NO$_2$ 螺旋振动	0.09	0.10	0.42

NC-12.60 相较于 NC-11.63 和 NC-11.92,在 $1661cm^{-1}$、$1279cm^{-1}$、$836cm^{-1}$、$746cm^{-1}$ 和 $688cm^{-1}$ 处的特征峰相对吸光度数值较大,证实取代的硝基基团数量随含氮量的增加而增加。另外,值得注意的是,含氮量的增加致使 $1159cm^{-1}$、$1022cm^{-1}$ 和 $1002cm^{-1}$ 处特征峰的吸光度随之增加,表明高含氮量 NC 结构内存在大量不对称氧桥和环内 C—O 单元。

4.4 非等温条件下硝化纤维素分子结构变化规律

凝聚相 NC-11.92 在温度上升条件下的 FTIR 图谱如图 4-5 所示。其中—NO_2 基团的特征峰吸收强度($1661cm^{-1}$、$1279cm^{-1}$、$836cm^{-1}$、$746cm^{-1}$ 和 $688cm^{-1}$)随着温度的升高而降低,并且在 210℃下 $836cm^{-1}$ 处的特征峰最先消失。这些结果表明,在 NC 的热解过程中,O—NO_2 键最先断裂。在 $1749cm^{-1}$ 处 C—O 键对应的新型吸收峰,随着温度的升高而逐渐增大,并在 210℃时达到吸光度峰值。同时,对应于 $1067cm^{-1}$ 处环间 C—O—C 基团的吸收峰强度逐渐降低,而环内 C—O—C 基团($1022cm^{-1}$ 和 $1002cm^{-1}$)的振动强度与之相比,其降低得更加缓慢。综上,NC 的热解过程是先发生脱硝反应,然后将现有的大分子分解为较小的分子,最后再进行碳骨架和环内氧桥的断裂。

彩图 4-5

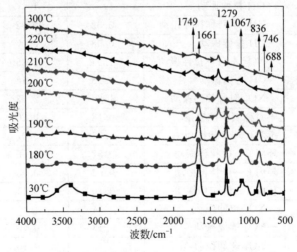

图 4-5 凝聚相 NC-11.92 在升温条件下的 FTIR 谱图

4.5　线性升温条件下硝化纤维素热解过程

　　TG 和 FTIR 联用技术是研究物质热解过程的重要手段。在正式实验之前,首先应进行一系列预实验。4 种不同升温速率下的 TG-FTIR 图谱,如图 4-6 所示。不难发现,TG 曲线随着升温速率的增加向较高的温度方向移动,这是受到了高升温速率下物体传热产生的热延迟影响,与前人的诸多研究结果一致[48-54]。同时,由于红外光谱仪和热重分析仪之间的连接,热滞后特性直接影响红外图谱的检测,使其整体向高温区域偏移。但不同升温速率下各温度段产生的主要气体类型几乎没有差异,如图 4-7 所示。

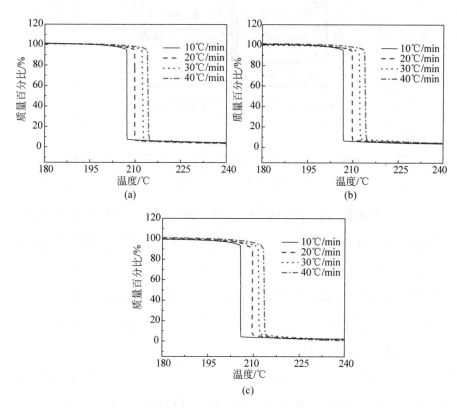

图 4-6　不同升温速率下 NC 样品的 TG 曲线

(a) NC-11.63；(b) NC-11.92；(c) NC-12.60

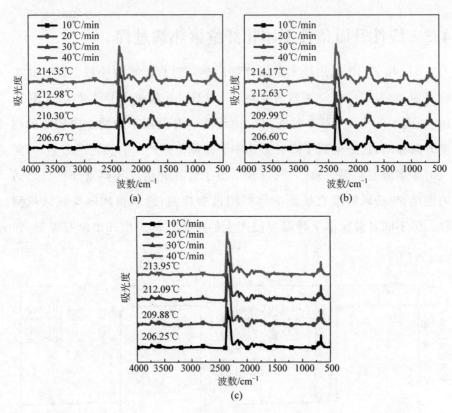

图 4-7　不同升温速率下 NC 样品热解产气量峰值温度处的红外图谱

(a) NC-11.63；(b) NC-11.92；(c) NC-12.60

　　鉴于要分析的是含氮量对 NC 热解产物的影响，而不是研究升温速率对 NC 热解行为的具体影响。过高的升温速率会导致某些中间体的损失，而过低的升温速率，如 0.1℃/min、1℃/min 或 5℃/min 又会导致测试费用的增加[128]。故而本实验结合前人的研究结果、仪器的特点和实践经验[24-25,128]，选择 10℃/min 升温速率下的实验数据用于比较分析含氮量对 NC 热解行为的影响。

　　图 4-8 的测试曲线分别表示在氮气气氛中，10℃/min 的恒定升温速率下，不同含氮量 NC 的热重（TG）曲线和热失重速率（DTG）曲线[图 4-8(a) 和(b)]。由于 NC 的整个热解反应非常剧烈，热失重现象突然发生，多条曲线几近重合，因此有必要对部分图谱进行局部放大，以区分不

同含氮量 NC 样品的 TG 和 DTG 曲线[图 4-8(c)和(d)]。其中，NC-11.63、NC-11.92 和 NC-12.60 的最大热失重速率峰值温度分别为 207.19℃、206.70℃和 205.73℃。此外，随着含氮量的增加，NC 的残渣量减少，热失重速率峰值增加。这些结果均表明，含氮量的增加导致 NC 反应速率加快，热解更为彻底，破坏性更大。

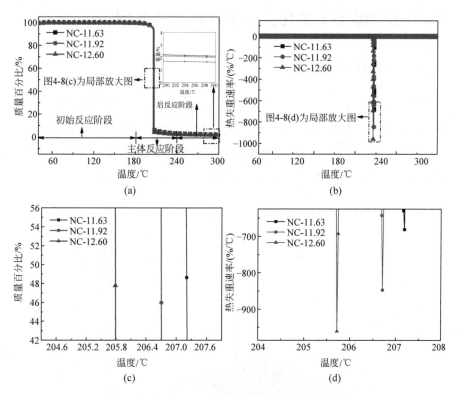

图 4-8　不同含氮量 NC 在 10℃/min 升温速率下的 TG 曲线和 DTG 曲线

(a) TG 曲线；(b) DTG 曲线；(c) TG 局部放大曲线；(d) DTG 局部放大曲线

结合 TG 和 DTG 曲线，不难发现 NC 的热解过程显示出明显的自催化特性，即在热失控发生之前，没有明显的温度升高或质量损失。然而，反应一旦发生，就会伴随热量的突然释放[17]。为了更为详细地分析 NC 在热解过程中的气态产物，将整个分解过程划分为几个阶段。由于 3 种含氮量 NC 样品之间的差异极小，因此本实验选定最高含氮量样品 NC-12.60 作为研究对象，用以描述反应发生最糟糕的情形。将质量损失为

3%的温度（180℃）作为主体反应的起始温度，并将其终止温度选定为1min内质量损失小于0.2%的温度（240℃）。根据这两个温度，将所有NC样品的热解过程划分为3个阶段，即初始反应阶段（室温～180℃，不含180℃）、主体反应阶段（180～240℃）和后反应阶段（240～300℃，不含240℃）。

4.6　不同温度下硝化纤维素热解产物鉴别

4.6.1　红外分析结果

氮气气氛下，NC-12.60在热解过程中形成的气体产物三维FTIR光谱如图4-9所示。不难发现，最大吸光度出现在1057.50s左右，即206.25℃下产生的气体量最大。该结果与DTG的测试数据基本一致，吸光度峰值温度（206.25℃）与最大失重速率温度（205.73℃）差别极小。

彩图 4-9

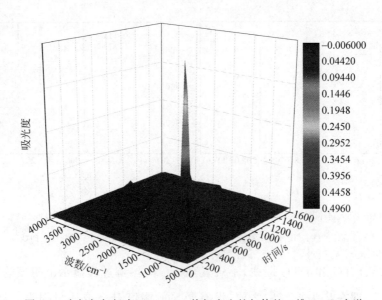

图 4-9　在氮气气氛中 NC-12.60 热解产生的气体的三维 FTIR 光谱

含氮量的增加可以缩短达到吸光度峰值的时间。在 FTIR 图谱上对 NC 样品的特征峰对应波数进行标记，发现 NC-11.63 和 NC-11.92 产生的气态产物相似，但与 NC-12.60 对应的气态产物有所区别，具体差异呈现在图 4-10 的圆圈内。集中在 $1050\sim1300cm^{-1}$ 范围内的特征峰,被归因于醇、酚、醚、羧酸和酯的 C—O 键拉伸振动。而 $1600\sim1820cm^{-1}$ 处的特征峰信号则表明酸酐、酯、酮、醛、酸和酰胺类物质内 C═O 基团的存在[126]。由于 NC-12.60 在圆圈内标记的特征峰相较于 NC-11.63 和 NC-11.92,显得更为宽平,这表明 NC 的气态产物类型随着含氮量的增加而增多。

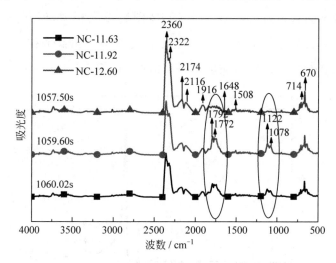

图 4-10 吸光度峰值时刻 NC 样品的 FTIR 图谱

在 NC 热解过程中产生的大多数轻质气体可以通过其 FTIR 特征峰波数进行识别鉴定,如表 4-4 所示[6,125-127]。

表 4-4 NC 热解产物鉴定[6,125-127]

热 解 产 物	红外吸收峰波数/cm^{-1}
二氧化碳(CO_2)	2360 2322 670
一氧化碳(CO)	2174 2116
一氧化氮(NO)	1916
甲酸(HCOOH)	1792
甲醛(HCHO)	1772 1508
二氧化氮(NO_2)	1648
酯类	1122 1078
氰化氢(HCN)	714

CO_2、CO、NO、HCOOH、HCHO、NO_2 和 HCN 被检测为主要的气态产物。酯类物质在 NC-11.63 和 NC-11.92（分别位于 1078cm^{-1} 和 1122cm^{-1} 处）内的吸光度明显强于 NC-12.60，峰形更为尖锐，产物类别相对简单。这些结果从侧面说明，含氮量较高的 NC 会产生更多种类的气态产物。

尽管不同含氮量 NC 的三维 FTIR 图谱极为相似，但其热危害程度却随着含氮量的增加而增大。NC-12.60 是含氮量最高的样品，可以用其来研究温度对气态产物分布的影响，如图 4-11 所示。

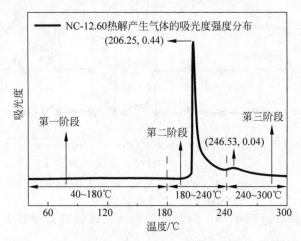

图 4-11   不同温度下 NC-12.60 热解产生气体的吸光度

根据不同温度下的吸光度，将 NC 的热解过程分为 3 个阶段，如图 4-11 所示。这与 NC-12.60 的 TG 曲线阶段划分保持基本一致，进一步说明 NC 热解气体的产生与其热失重直接相关。位于 180℃ 之前的第一阶段对应于 TG 分析研究中的初始反应阶段，该阶段的曲线变化很小，代表了 NC 热解的初始过程。在 180～240℃ 的第二阶段，观测到一个非常尖锐的峰，吸收峰峰值温度出现在 206.25℃，略低于 NC-11.43（206.67℃）和 NC-11.50（206.60℃）的峰值温度。这些结果表明，高含氮量 NC 伴随着更快的反应速率。第三阶段对应于后反应阶段（240～300℃），且在 246.53℃ 处发现了一个小型峰，表明该阶段发生了部分反应，并释放出特定的气态产物。

根据图 4-12 中不同温度下 NC-12.60 的 FTIR 图谱,用于分析鉴定其在不同热解阶段产生的标志性气体。在第一个热解阶段内检测到少量的 NO_2 和 HCHO。由此推测 NC 为最初断裂的化学键位置如图 4-13 所示。在第二个热解阶段(180～240℃)内,已经生成的 NO_2 和 HCHO 与凝聚相 NC 相互作用,导致分子内大量化学键的断裂,进一步生成其他各类轻质气体,例如 CO_2、CO、NO、HCOOH、NO_2、HCHO 和 HCN 等[图 4-12(b)][6]。在第三阶段中,轻质气体的类型与第二阶段极为相似,但在 1000～2000cm^{-1} 的范围内观察到宽平峰出现,这表明更多的化学键在高温下被破坏,导致产物的种类进一步增加。

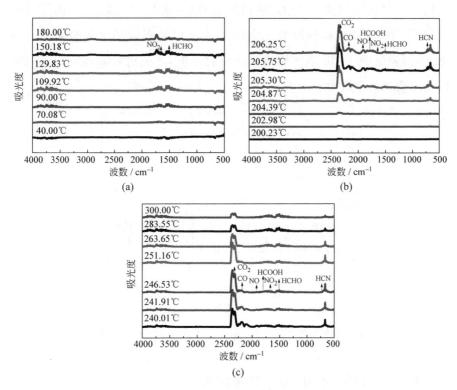

图 4-12　NC-12.60 在不同温度下的 FTIR 图谱

(a) 第一阶段；(b) 第二阶段；(c) 第三阶段

为了确定 NC 热解过程中主要的氮氧化物,进一步得到不同温度下 NO_2 和 NO 的吸光度对比图,如图 4-14 所示。不难发现,在第一阶段,

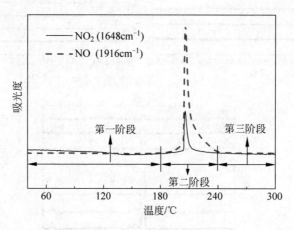

图 4-13 推断 NC 热解过程中化学键断裂的初始位置

NO$_2$ 的吸光度曲线高于 NO,表明它是第一阶段氮的主要氧化物。然而,第二阶段中 NO 的吸收强度远大于 NO$_2$ 的吸收强度,这表明第二阶段中氮的主要氧化物转变为 NO。值得注意的是,从 240℃到 300℃的第三阶段,NO 的吸光度曲线仅略高于 NO$_2$。为了保证实验结论的准确性和可靠性,需要借助于 GC/MS 做进一步实验分析,才能更可靠地判定第三阶段中主要的氮氧化物。

图 4-14 不同温度下 NC-12.60 热解生成的 NO$_2$ 和 NO 吸光度

4.6.2 裂解-色谱/质谱分析结果

结合图 4-11 内 FTIR 的研究结果,选择 210℃和 250℃作为典型温度进行 Py-GC/MS 实验,因为这两种温度下的产物可以代表 NC 热解主体反应阶段和后反应阶段内生成的主要气态产物。图 4-15 显示了 210℃[图(a)]和 250℃[图(b)]下 NC-12.60 的总离子色谱图(TIC)和相应的特征峰质谱图。其中,NC-12.60 的 TIC 图在两个温度下均显示出明显的"峰包络",这些峰包络线是由多个特征峰重叠形成的,代表了各类轻质气体的集合。

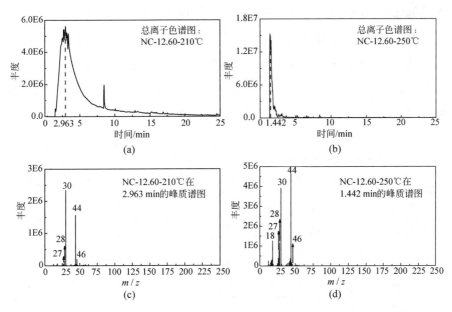

图 4-15 NC-12.60 在 210℃和 250℃下的总离子色谱图(TIC)及特定时刻的峰质谱图

NC-12.60 在 210℃下 TIC 图[图 4-15(a)]上最大峰处的质谱图表明,"峰包络"内产生的最高产量气态物质,其 m/z 数值为 30,对应于 NO 和 HCHO。此外,还检测到其他一些产物,例如 HCN(m/z 27)、CO(m/z 28)、CO_2(m/z 44)、NO_2 和 HCOOH(m/z 46)。NC-12.60 在 250℃下 TIC 图[图 4-15(b)]与 210℃下 TIC 图相比,主要区别在于 CO_2(m/z 44)产量占比增加。结合先前的红外分析,不难发现在图 4-12(b)中,NO 红外特征峰的吸光度远远大于 HCHO 的吸光度,同时,HCOOH 的红外特征峰相较于 NO_2 也更为明显。对照 NC-12.60 在 210℃[图 4-15(c)]下 2.963min 的质谱图,m/z 30 的物质产量远高于 m/z 46 时,研究结果进一步说明 NO 和 HCOOH 在产量较高的混合组分内所占比例更大,即 NO 和 HCOOH 被确定为第二阶段主要的气态产物,进一步证明 NO 是第二阶段主要的氮的氧化物。在图 4-12(c)中,发现 NO 和 HCHO 的红外特征峰的吸光度差别不大,且 HCOOH 和 NO₂ 的红外特征峰也无明显差别,但在 250℃[图 4-15(d)]下 1.442min 的质谱图内,m/z 30 的物质产量远远高于 m/z 46,由此确认 NO 的生成量仍高于 NO₂,同样是第三阶段主要的氮的氧化物。综上,与红外的检测结果保持高度一致(图 4-14)。

除"峰包络"内的轻质气体外,还有许多代表不同气态产物的尖锐特征峰。结合 NIST MS 数据库和前人研究结果[129-130],分析并鉴定出了吻合度最高的化合物。同时,为了比较含氮量对 NC 热解的具体影响,集中研究占特征峰总面积 95.04% 以上的气态产物,结果如表 4-5 所示。

表 4-5 210℃ 下通过 Py-GC/MS 测得的不同含氮量 NC 的相对峰面积分布

时间/ min	产物	化学式	摩尔质量/ (g/mol)	相对峰面积占比/%		
				NC-11.63	NC-11.92	NC-12.60
2.42	轻质气体			66.59	75.79	88.38
8.47	1-甲基-2-吡咯烷酮	C_5H_9NO	99.13	6.29	2.40	2.07
28.74	(Z)-11-十六碳二烯酸	$C_{16}H_{30}O_2$	254.41	0.00	0.00	0.71
29.02	正十六烷酸	$C_{16}H_{32}O_2$	256.42	0.00	3.80	2.97
30.46	(E)-8-甲基-9-十四烯-1-醇乙酸酯	$C_{17}H_{32}O_2$	268.43	22.40	10.07	0.00
31.04	十八烷酸	$C_{18}H_{36}O_2$	284.48	0.00	4.31	0.95

其中,轻质气体所占比例随含氮量的增加而增加,表明高含氮量 NC 的热解程度更高。在 210℃ 时,峰包络线以外的特征峰也随着含氮量的增加而增多,这表明产生了更多种类的气态产物,且所有产物均包含羰基基团。通过与不同含氮量 NC 在吸光度峰值下的 FTIR 图谱(图 4-10)进行比较,发现 1600~1820cm⁻¹ 范围内的主要物质是酮和羧酸。此外,在 1050~1300cm⁻¹ 处的振动信号归因为酯类物质。GC/MS 的测试结果表明,羧酸类物质种类随含氮量的增加而增加。但是,对于特定的羧酸或酮,其相应比例随含氮量的增加而降低,这与 NC-12.60 在 FTIR 图谱上呈现的宽平峰保持一致(图 4-10,左侧圆圈)。值得注意的是,被鉴定为 (E)-8-甲基-9-十四烯-1-醇乙酸酯的酯类物质仅出现在 NC-11.63 和 NC-11.92 的热解产物中,这恰恰揭示了与 NC-12.60 宽平峰明显不同的尖峰

(图 4-10，右侧圆圈)产生的主要原因。造成这些差异的原因可能是不同含氮量 NC 样品中化学键断裂的时间和位置不同，进而导致产物种类的变化。

随着温度升高至 250℃，NC 热解生成的气态产物数量显著增加。例如，除轻质气体外，NC-11.63 在 210℃ 时仅有两种主要产物，但在 250℃ 时则存在 33 种气态产物，如表 4-6 所示。

表 4-6　NC-11.63 在 250℃ 下不同时刻的主要气态产物

时间/min	气态产物名称	化学式	摩尔质量/(g/mol)	所占比例/%
1.46	轻质气体			55.06
2.63	2-丁醛,2-甲基-,(E)-	C_5H_8O	84.12	1.40
2.85	乙烯乙氧基	C_4H_8O	72.11	8.03
2.93	戊醛	$C_5H_{10}O$	86.13	1.63
3.16	四氢-4H-吡喃-4-醇	$C_5H_{10}O_2$	102.13	2.34
3.73	糠醛	$C_5H_4O_2$	96.08	1.07
4.02	丙腈	C_3H_5N	55.08	0.60
4.71	双环[4.2.0]八-1,3,5-三烯	C_8H_8	104.15	0.60
5.23	2(5H)-呋喃酮	$C_4H_4O_2$	84.07	1.98
6.12	2-戊醇 1-(2-亚甲基环丙基)-4-甲基-	$C_{10}H_{18}O$	154.25	0.59
6.54	2H-吡喃-2-1	$C_6H_{10}O_2$	114.14	0.49
6.75	苯酚	C_6H_6O	94.11	0.60
7.46	丙酰胺 2-羟基	$C_3H_7NO_2$	89.09	0.26
7.65	1,2,6-三甲基-,顺-	$C_8H_{17}N$	127.23	0.69
8.41	1-甲基-2-吡咯烷酮	C_5H_9NO	99.13	1.21
8.78	噁唑,2,4-二甲基-	C_5H_7NO	97.12	0.44
9.35	吡嗪 2-甲氧基-6-甲基-	$C_6H_8N_2O$	124.14	0.78
10.33	左旋葡糖酮	$C_6H_6O_3$	126.11	0.46
12.26	呋喃-3-甲醛,2-甲氧基-2,3-二氢-	$C_6H_8O_3$	128.13	0.49
12.86	癸醛	$C_{10}H_{20}O$	156.27	0.47
13.95	2-庚醇,6-甲基-	$C_8H_{18}O$	130.23	1.97
15.92	环氧乙烷,2-甲基-3-丙基-,顺式	$C_6H_{12}O$	100.16	1.05
26.36	十四烷酸	$C_{14}H_{28}O_2$	228.37	0.47
27.75	十五烷酸	$C_{15}H_{30}O_2$	242.40	0.53
28.74	十六碳烯酸 Z-11-	$C_{16}H_{30}O_2$	254.41	0.79
28.99	正十六烷酸	$C_{16}H_{32}O_2$	256.42	2.24

续表

时间/min	气态产物名称	化学式	摩尔质量/(g/mol)	所占比例/%
30.54	2-(4-甲氧基苯基)-6-对甲苯基吡啶	$C_{19}H_{17}ON$	261.34	0.67
30.84	9-十八碳烯酸,(E)-	$C_{18}H_{34}O_2$	282.46	2.42
31.35	Z-8-甲基-9-十四碳烯酸	$C_{15}H_{28}O_2$	240.38	0.54
31.90	17-(1,5-二甲基己基)-10,13-二甲基-2,3,4,7,8,9…	$C_{27}H_{46}O$	386.65	2.14
32.74	1,3(2H,4H)-异喹啉二酮,6,7-二甲氧基-4-[2…	$C_{20}H_{19}O_6N$	369.37	0.54
33.26	正二十四烷	$C_{24}H_{50}$	338.65	0.64
34.53	2-丁烯二酸(E)-,双(2-乙基己基)酯	$C_{20}H_{36}O_4$	340.50	1.30
35.21	1,2-苯二甲酸单(2-乙基己基)酯…	$C_{16}H_{28}O_4$	284.39	0.57

此外,不同含氮量 NC 的热解产物包含一些共性。例如一些共同的 NC 衍生物、糠醛($C_5H_4O_2$)、双环[4.2.0]八-1,3,5-三烯(C_8H_8)、2(5H)-呋喃酮($C_4H_4O_2$)、2H-吡喃-2-1($C_6H_{10}O_2$)、苯酚(C_6H_6O)和 1-甲基-2-吡咯烷酮(C_5H_9NO)等,且这些特征性气体向低相对分子质量有机物转移。由于不同含氮量 NC 样品 250℃下的产物种类繁多,为了便于比较分析,应对其进行分类。首先,根据产物是否包含氮元素,将其分为含氮有机物和无氮有机物两大类。其次,将无氮有机物进一步划分为含苯环的芳香族有机化合物和脂肪族有机化合物两大类。各类物质在总产物中所占比例如表 4-7 所示。

表 4-7　不同含氮量 NC 样品在 250℃下各类热解产物所占比例

气态产物		相对峰面积占比/%		
		NC-11.63	NC-11.92	NC-12.60
轻质气体		55.06	69.01	69.91
含氮有机物		5.16	5.24	7.2
无氮有机物	含苯环的芳香族有机化合物	1.77	3.35	3.45
	脂肪族有机化合物	33.1	17.49	14.74

可以发现,轻质气体和含氮有机物所占比例随着含氮量的增加而增大,这表明 NC 的断裂程度随着含氮量的增加而加深。含苯环的芳香族

有机化合物的出现表明,NC 主链上的六元杂氧环结构在升温条件下遭到了破坏,发生开环和环间氧桥断裂,并经过一系列重组形成苯环结构。随着含氮量增加,含苯环的芳香族有机化合物所占比例增大,而脂肪族有机化合物所占比例降低,均说明此过程中出现了明显的化学重组现象。此外,对应于 NC-11.63、NC-11.92 和 NC-12.60 的含苯环芳香族有机化合物的类型分别为 3 种、6 种和 7 种,进一步证实含氮量的增加促进了多种重组形式的出现。

4.7 硝化纤维素热解过程研究

结合 TG-FTIR 和 Py-GC/MS 的实验结果,发现含氮量对 NC 的气态产物类型有直接影响。然而,在不同含氮量 NC 的热解过程中仍然包含许多共同点和特征产物。在 210℃下,实验检测到典型的含有羰基的气态产物是 1-甲基-2-吡咯烷酮(C_5H_9NO),它是峰包络线以外的主要轻质气体。根据检测到的既定物质,本书提出了在主体反应阶段(180～240℃)羰基基团形成的机制,如图 4-16 所示。根据图 4-13,推断 NC 热解过程中最初化学键断裂的位置是 $O—NO_2$,生成 NO_2 气体和带游离基的氧原子。随后,环内特定位置化学键发生断裂,与带游离基的氧原子进一步重组,形成羰基基团。由于 NC 内取代硝基数量较多,生成的羰基基团位置也有所不同。

前人的研究也证明在 NC 的热解过程中会产生大量的含羰基类气态产物[33-43]。例如,Kumita 等[37]研究了在氧气气氛中 NC 热解形成羰基的过程,Gelernter 等[41]提出了邻位二硝酸盐的热解机理并解释了反硝化过程和醛的形成。此外,这项工作中有关羰基形成的发现与 Rychlý 等[33]的发现一致。然而,前人认为羰基产物仅仅是在 NC 热解的初始阶段生成的,并未详细地根据温度分布进行产物分析。

在 250℃下,不同含氮量 NC 热解产生了不同的气态产物。除轻质气体和 11 种共同产物外,特征性产物为线性脂族有机化合物。基于这些共同特征,本书提出了以温度段为划分原则的 NC 热解机理,用以描述不同

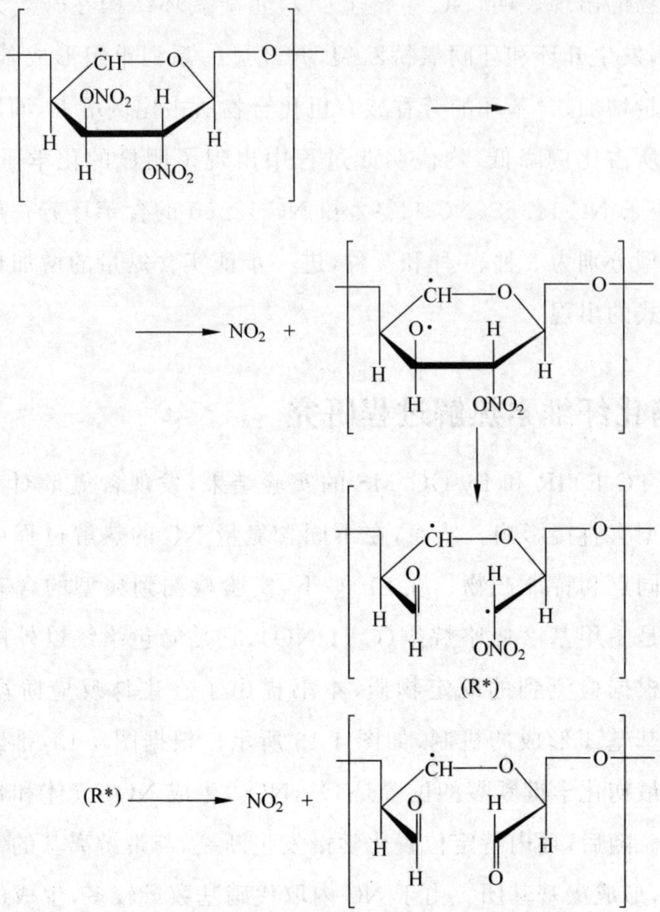

图 4-16   羰基基团在 NC 热解主体反应阶段的形成过程

含氮量 NC 的整个热解过程,如图 4-17 所示。

结合 FTIR、TG-FTIR、Py-GC/MS 的实验结果,将 NC 的热解过程划分为 3 个阶段:首先,推断出分子间及分子内化学键的断裂时间和位置,继而确定出各阶段的主要气态产物。在反应的初始阶段(40~180℃),最先检测到的物质是 NO_2 和 HCHO。最初的氮氧化物为 NO_2,这与前人的诸多研究保持一致[6,33-35]。在主体反应阶段(180~240℃),NO_2 和 HCHO 与凝聚相 NC 相互作用,加速了分子间化学键的断裂。同时,化学键 $O—NO_2$ 进一步发生断裂,与单元内断裂化学键相互结合,形成羰基基团。随后分子链断裂形成酮、酸和酯类产物。此外,伴随有多

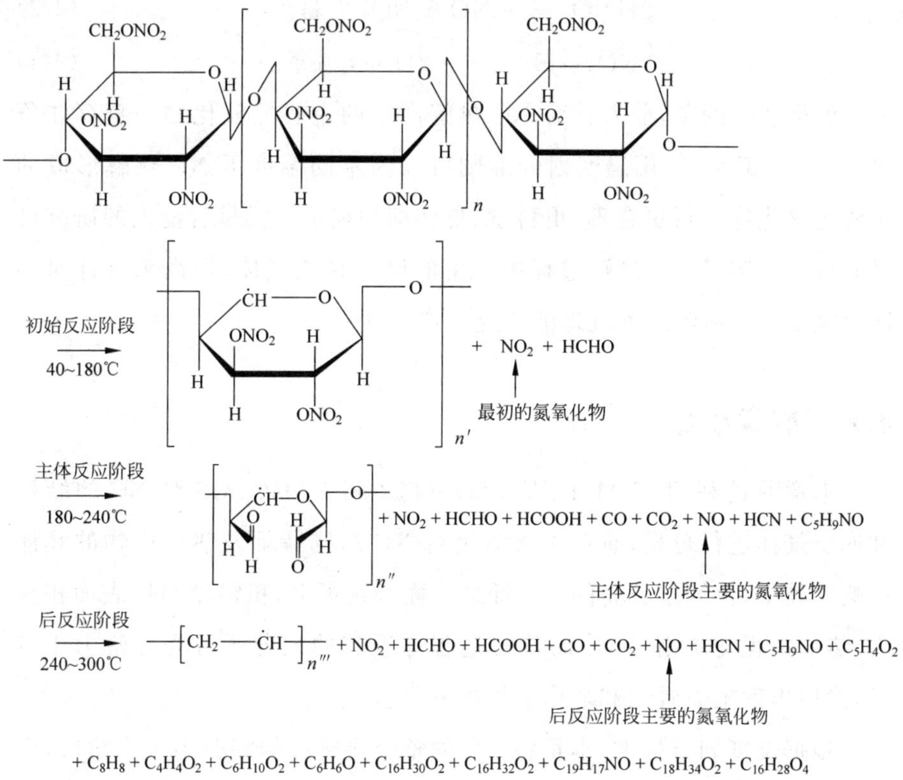

图 4-17 氮气气氛下 NC 的热解机理

种轻质气体生成，如 NO_2、HCHO、HCOOH、CO、CO_2、NO、HCN 和 C_5H_9NO，主体反应阶段主要的氮氧化物被确定为 NO。在后反应阶段（240～300℃），NC 的化学键进一步发生断裂形成线性脂肪烃，伴随有多种轻质气体和低相对分子质量化合物的生成，并发生多种形式的环化重组，该阶段主要的氮的氧化物仍为 NO。

结合先前的研究[34,131-132]，本书将高温下 NO 含量增加的主要原因归结为以下两个方面。一方面是，NO_2 会在 150℃ 的条件下发生吸热分解并释放出 NO：

$$2NO_2 \cdot \longrightarrow 2NO + O_2, \quad \Delta H = 114kJ/mol \qquad (4\text{-}1)$$

另一方面是，在 NC 的热解过程中可能存在以下反应：

$$RH + NO_2 \cdot \longrightarrow R \cdot + HNO_2 \cdot \qquad (4\text{-}2)$$

$$2HNO_2 \longrightarrow NO + NO_2 + H_2O \qquad (4\text{-}3)$$

$$3NO_2 + H_2O \longrightarrow 2HNO_3 + NO \qquad (4\text{-}4)$$

值得注意的是,前人针对 NC 热解产生的主要氮氧化物一直存在争议[38,40-42]。但是,使用温度划分准则可以为不同温度下 NC 热解形成的主要氮氧化物进行更合理、更科学、更详细的描述。且尽管前人的研究已经分析并鉴定了 NC 热解过程中产生的诸多轻质气体,但尚未有针对不同含氮量 NC 热解过程机理的研究。

4.8　本章小结

本章通过利用 SEM、FTIR、TG-FTIR 和 Py-GC/MS 对 NC 的结构和逸出气体进行分析,研究了含氮量对 NC 结构特征及热解产物的具体影响。其中,含氮量较高的 NC 纤维表面裂纹更多,粗糙度与比表面积更大,热危害程度更高。NC 的热解过程是现有的大分子首先分解为小分子,然后再发生碳骨架和环内氧桥的断裂。

根据温度划分标准,本章将 NC 的整个热解过程划分为 3 个阶段,即初始反应阶段、主体反应阶段和后反应阶段,并确定了各个阶段内主要的氮氧化物。且在后期反应阶段(240~300℃),形成了低分子量气态产物和多种形式的环化重组。并综合定性及定量分析,为 NC 的热解过程机理提供了理论依据。

基于这些发现,可以通过添加或去除中间体对功能性材料进行合理设计,也可使用各种分析技术探索各类催化剂对 NC 热解过程的影响。同时,这些数据可用于工程仿真研究以增进对 NC 热解行为的了解,实现更好的聚合物设计,提高 NC 材料的热稳定性和安全性。

第**5**章

硝化纤维素热自燃危险性预测

5.1 引言

为了确保硝化纤维素(NC)在生产、处理和储运过程中的整体安全，必须在深入了解其热解特性、热解过程以及热解机理之后，对其潜在的热自燃危险性进行科学评价。本章借助于高精度的 C80 微量量热仪进行小药量实验，根据测试得到的 NC 热解曲线来推算相关动力学参数，以及实际包装下 NC 在 7 天内发生自加速分解的最低环境温度。因为在反应体系内，在整个生产、制造和储运过程中，都会因分子间的化学反应释放热量，如果这些热量不能及时散去，就会导致热量积累，最终引发自燃或爆炸。同时，结合 NC 的自催化反应特性和热解产物，科学地预测并评价其热自燃危险性。综上，将小药量的实验测试结果、NC 的热解特性和过程机理等应用在评价物质在实际包装下的热自燃危险性上，具有一定的现实意义和科学价值。

5.2 热自燃危险性及其预测方法

5.2.1 热自燃危险性概述

自然界内所有的化学反应可分为两大类：放热反应和吸热反应，且在整个反应的过程中都伴随有热效应和能量变化。这类效应为人类的生产发展和生活所需提供了诸多便利。例如,通过碳氢化合物燃烧获取热量的燃烧现象,与我们的日常生活密切相关[113]。另外,火力发电厂、汽车发动机、内燃机等,都是借助于燃烧反应获取电能及动能。在人类有关化学反应的漫长探索中,如何有效并合理地利用其热效应来造福社会最为关键,且投产使用的前提条件是该类反应必须为人类所控制。具体包括控制反应的开始、反应的结束、反应的规模以及热释放速率的上限等。因为这类反应一旦失控,将会引发巨大的灾难性事故,譬如典型的火灾爆炸事故。

热自燃(热爆炸)是指系统内可燃物与氧化物的混合物,因预先被均匀加热或发生了化学反应而放热,使得体系温度自行升高,进一步促进了反应放热,最终使得反应速度急剧增大,在某一温度下导致混合物自发着火的过程[113,133-143]。

考虑到实际燃烧的过程往往伴随着热量的散失,所以从理论上讲,可燃混合物着火的必要条件是物质的反应放热速率大于其热量散失速率,由此产生了热量积聚,进而加速反应进行,最终使得温度达到可燃物的着火点,引发自燃。假设物质的反应过程发生在绝热条件下,那么反应释放的热量就完全用于自行加热,体系内的温度不断升高,促使反应速率不断增大,最终导致自燃着火。虽然这种情况极难出现在实际生活中,但对其进行理论分析有助于揭示物质的热自燃过程规律[113]。

NC 作为一种典型的危险化学品,具有易燃易爆、热稳定性差等特点,在外界微小能量(如振动、冲击、热能等)的刺激下,极易引发火灾、爆炸等安全事故。而且,由于 NC 是一种自催化反应性物质,即使没有外界能量的刺激作用,其在自然储存的条件下也会因分解产生的催化性物质加速反应进行,提高反应速率,进而释放热量。当反应体系内的热释放速率远远大于该体系向环境的散热速率时,就会直接导致体系内产生热量积聚,最终引发热自燃或热爆炸事故[14,113]。

为了有效评价 NC 在工业标准包装和自然储存条件下的热危险性,

根据前人的研究成果,本书总结出两类典型的评价性指标。其中:一类是物质的反应开始温度(onset temperature,Tonset);另一类是物质的自加速分解温度(SADT)[113]。

反应开始温度在放热反应过程中不仅仅作为评价反应发生难易程度的参数,也是衡量物质热危险性的指标。然而,值得注意的是,对于物质反应开始温度的确定方法一直没有统一的标准。本书根据所研究的 NC 材料性质,统一采用反应放热曲线偏离其实验测定基线时所对应的温度来作为反应开始温度。除此之外,也有学者采用物质放热曲线上最大斜率处切线与基线的交叉点温度作为反应开始温度。需要指出的是,反应开始温度虽然是衡量化学反应发生及物质自身性质的重要参数,但其测量数值大小不仅与物质本身的特性有关,还受到诸多因素的影响。譬如,采取的确定方法、使用的实验条件(实验测定时的样品量、升温速率、气氛环境、实验程序等)以及实验仪器的特征参数(灵敏度、感度等)等[113]。综上,反应开始温度只能在一定程度上作为评价物质热危险性的定性或半定量化指标。

物质的自加速分解温度被定义为:物质在实际的包装下,在 7 天内发生自加速分解的最低环境温度。针对反应性物质组成的特定体系,在其制造、生产和储运过程中,都会因为化学反应而放热,如果散热不及时,会直接导致体系内发生热量积聚,使得温度升高达到物质的着火点,引发自燃或爆炸。其中,物质的热积聚现象不仅与其自身的化学、物理特性以及放热特性(热释放速率、反应热及化学反应速度)有关,还与物质的包装尺寸和材料特性(比表面积及传热系数)密切相关[29,31,113,144-150]。由此可见,SADT 数值是衡量实际包装下反应性化学物质热危险性的重要指标参数,在实际的生产过程和储运条件下极具现实意义。

为了确保物质在生产、处理、运输和储存过程中的安全性,必须对物质自身的结构特性、热自燃危险性、热解特性、相关化学动力学过程、热力学参数以及热危险性参数等有充分的了解和认识,进而对物质潜在的热危害进行全面的、综合的、合理的、科学的评价。

目前,SADT 已成为国际上评定物质热危险性的重要指标参数。联合国危险货物运输专家委员会推荐了 4 种直接、真实且可行的 SADT 实验测定方法:第一种是美国式测定方法;第二种是绝热储存实验法;第三种是等温储存实验法;第四种是蓄热储存实验法[113]。由于这些实验方法使用的药量大,取样更具有代表性,同时可以降低实验的相对误差。从某种意义上讲,这些方法更能反映实际情况,可以获取最为直接、准确和可靠的 SADT 数值。但是,在实际的操作过程中,存在以下几方面短板。首先,实验测定需要的样品量极大,通常需要 400g~200kg,这就使得实验的操作及测定过程具有很大的风险性和热危害。其次,实验所需的周期长,通常需要几周甚至几个月才能得到一个有效数据。且尝试设定的初始温度不一定就是该物质的 SADT,因此,需要对测试温度进行多次升降调整再进行实验,这就造成时间成本及测试成本的增大。再者,在大药量样品的热解实验测试过程中,可能会产生大量的有毒有害物质,最终造成环境危害或对测试人员的健康不利。此外,针对同一种测试样本,采用不同的实验测试方法,得到的测定参数有时候差别很大。因此,针对如何使用小药量样本在较短的时间内获取准确的 SADT 数值引发了国内外学者的广泛关注。

许多专家、学者及技术研究人员通过使用热分析仪器,例如,C80 微量量热仪、绝热加速量热仪 ARC 以及差示扫描量热仪(DSC)进行小药量实验,根据实验测得的物质热解曲线,推算该物质的 SADT,且目前在这方面已取得了一定的研究成果和相关进展[29,31,113,144-150]。

5.2.2　基于 Semenov 模型的热自燃危险性预测方法

任何反应体系内可燃物与氧化物的混合物,一方面,会进行缓慢的氧化反应并释放热量,使得系统内温度升高;另一方面,又会通过体系的边界向外界散失热量,使得系统内温度降低。结合热自燃的基础理论,不难发现,自燃能否发生是反应放热与系统散热相互作用的结果。一方面,如果体系内反应放热因素占主导地位,那么必然会产生热积聚,最终导致自燃发生。另一方面,如果系统内散热因素占主导地位,那么体系温度降低,体系内的物质不会发生自燃。

因此,研究散热条件对揭示热自燃现象的发生有着重要的现实意义。为了便于研究并简化问题,对体系内部环境条件进行以下假设:①体系内各处温度均为 T 且保持均匀一致,无任何温度梯度;②体系外各处环境温度为 T_0,且保持不变;③体系温度 T 大于环境温度 T_0;④体系与环境的热交换全部集中在体系表面,T 与 T_0 之间存在不连续的温度突跃。满足这些假设条件的模型是一种理想化的模型,被称为 Semenov 模型,该模型下体系内的温度分布如图 5-1 所示[113,151-152]。在实际的反应过程中保持体系内各点温度均匀是极难甚至不可能实现的,但由于利用 Semenov 模型处理问题比较简单,更容易被大众接受,加上前人对其进行了广泛的调查研究,证实了不少体系在实际的使用过程中可以用该类均温假设模式进行简化处理[113,151-152]。

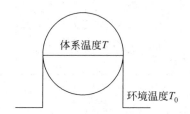

图 5-1　Semenov 模型下温度分布图[113,151-152]

假设一个反应体系内,反应物的质量为 M,体系温度为 T,那么热解反应发生时,物质的质量反应速率表达式为

$$-\frac{\mathrm{d}M}{\mathrm{d}t} = M^n A \exp\left(-\frac{E}{RT}\right) \tag{5-1}$$

式中:M 是反应物的质量;n 是反应级数;A 是指前因子;E 是活化能;R 是气体常数;T 是体系温度。

假定单位质量反应物的放热量为 ΔH,那么该体系的反应放热速率 q_G 为

$$q_G = \frac{\mathrm{d}H}{\mathrm{d}t} = \Delta H M^n A \exp\left(-\frac{E}{RT}\right) \tag{5-2}$$

根据 Semenov 模型下的假设,体系温度为 T 且保持均匀一致,体系与环境的热交换集中于表面,由此可得反应体系向环境的散热速率 q_L 为

$$q_L = US(T - T_0) \tag{5-3}$$

式中:U 为体系表面的传热系数;S 为表面积;T_0 为环境温度。

根据上述公式,该体系的热平衡方程为

$$C_p M_0 \frac{\mathrm{d}T}{\mathrm{d}t} = \Delta H M^n A \exp\left(-\frac{E}{RT}\right) - US(T - T_0) \tag{5-4}$$

式中:C_p 为反应性化学物质的定压比热。

根据式(5-2)可以作出随温度变化的反应放热速率曲线 q_G,如图 5-2 所示。同理,根据式(5-3)可以作出 3 种不同环境温度(T_{01}、T_{02} 和 T_{03})下的 q_L'、q_L 和 q_L'' 3 条环境散热速率直线[113]。

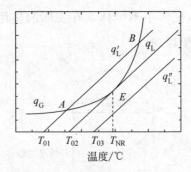

图 5-2　Semenov 模型下反应放热速率与散热速率关系图[113]

当环境温度 $T_0 = T_{01}$ 时,反应放热速率曲线和散热速率曲线有两个交点 A 和 B,体系间(A 和 B 之间)的产热速率小于散热速率,系统处于稳定状态。值得注意的是,反应放热速率曲线和散热速率曲线上的两个交点都表示体系内反应的热生成速率和热散失速率恰好相等,体系处于一种热"平衡"状态。但该种平衡状态是一类动态平衡,即体系内的化学反应并未停止。当体系内热平衡点 A 受到某一微小扰动时,譬如是偏右的微小温升,由于此时的散热速率曲线要高于产热速率曲线,体系内热量散失大于热量积聚,最终使得温度降低直至回到点 A;再者,当微小扰动是偏左的微小降温时,体系内的产热速率曲线则高于散热速率曲线,体系

内会不断产生热量积聚,使得温度升高再次回到点 A。综上,平衡点 A 是一类稳定热平衡点。然而,对于平衡点 B 来讲,当其受到微小升温扰动时,体系内产热速率大于散热速率,系统会不断地产生热积聚,最终不断升温打破平衡稳定状态;而当微小扰动为降温时,体系内部散热速率大于产热速率,导致热量不断散失,最终偏离平衡状态。由此可知,平衡点 B 是一类不稳定热平衡点[113]。

当环境温度不断升高,直至 $T_0 = T_{02}$ 时,反应的反应放热速率曲线与散热速率曲线只存在一个切点 E,切点对应的温度 T_{NR} 被称为反应的不归还温度。散热速率曲线与温度轴的交点对应的环境温度 T_{02} 被确定为反应性化学物质发生 SADT 的最低环境温度,此时的反应体系处于自发着火(热自燃)的临界状态[29,31,113,144-150]。即当环境温度略低于 T_{02} 时,反应体系的反应放热速率将低于散热速率,系统处于热稳定状态;一旦环境温度略大于 T_{02},反应体系将不断升温,产生热量积聚,直至最终引发热自燃或者热爆炸事故。

当环境温度继续升高直至 $T_0 = T_{03} > T_{02}$ 时,则永远存在 $q_G > q_L$,体系不断升温,热量不断积聚,直至热自燃或热爆炸发生[113]。

针对 Semenov 模型下的热平衡方程进行理论分析,可以获得反应性化学物质发生热自燃的临界条件。当环境温度升高至 $T_0 = T_{02}$ 时,反应的热释放速率曲线与散热速率曲线之间存在一个共同的切点 E,体系在 E 点对应的温度 T_{NR} 下,处于自发着火的临界状态[113]。切点 E 处满足以下方程:

$$\Delta H M^n A \exp\left(-\frac{E}{RT_{NR}}\right) = US(T_{NR} - T_0) \tag{5-5}$$

对式(5-5)两边的 T_{NR} 同时进行微分,可得式(5-6)

$$\Delta H M^n A \exp\left(-\frac{E}{RT_{NR}}\right)\left(\frac{E}{RT_{NR}^2}\right) = US \tag{5-6}$$

将式(5-5)与式(5-6)相除,可得式(5-7)

$$\frac{RT_{NR}^2}{E} = T_{NR} - T_0 \tag{5-7}$$

式(5-7)为一元二次方程,其解为

$$T_{NR} = \frac{E}{2R} \pm \frac{E}{2R}\left(1 - \frac{4RT_0}{E}\right)^{\frac{1}{2}} \tag{5-8}$$

根据式(5-8)可以得到一元二次方程的两个解,依据实际情况,应当取数值较小的根。据此,将式(5-8)转变为

$$T_{NR} = \frac{E}{2R} - \frac{E}{2R}\left(1 - \frac{4RT_0}{E}\right)^{\frac{1}{2}} \tag{5-9}$$

依据级数展开的方法求式(5-9)的近似解,可以得出:

$$T_{NR} = \frac{1 - \left(1 - 4\dfrac{RT_0}{E}\right)^{\frac{1}{2}}}{\dfrac{2R}{E}}$$

$$= T_0 + \frac{RT_0^2}{E} + \frac{2R^2T_0^3}{E^2} + \frac{5R^3T_0^4}{E^3} + \cdots \tag{5-10}$$

由于 $RT_0/E \approx 0.05$ 较小,通常可以忽略式(5-10)内第三项及以后所有项,式(5-10)可以简化为如下

$$T_{NR} = T_0 + \frac{RT_0^2}{E} \tag{5-11}$$

由此造成的误差为

$$\frac{\dfrac{2R^2T_0^3}{E^2} + \dfrac{5R^3T_0^4}{E^3} + \cdots}{T_0 + \dfrac{RT_0^2}{E}} \times 100\% \approx 0.5\%$$

综上,物质发生热自燃的临界升温条件是

$$\Delta T_{cr} = T_{NR} - T_0 \approx \frac{RT_0^2}{E} \tag{5-12}$$

其中,式(5-12)可以用来判断反应体系是否发生热自燃。如果反应体系的实际温升大于 RT_0^2/E 时[式(5-13)],将有自燃发生。相反,如果反应体系的实际温升小于 RT_0^2/E 时,体系则无自燃发生,处于安全状态[113]。

$$\Delta T > \Delta T_{cr} \approx RT_0^2/E \tag{5-13}$$

为了更加全面、科学、合理地评价反应性化学物质的热危险性,需要通过实验测定的方法获得以下几个重要参数:反应的开始温度、反应热、SADT 等。

根据 NC 的特性,本书采用反应放热曲线偏离实验测定基线时对应的温度作为反应开始温度(T_{onset})。为了使 T_{onset} 的数值更为合理、精确和科学,在实际的实验过程中,必须做到统一确定测试标准、样品量、升温速率及气氛条件等相关参数,并选用高精度测试仪器,尽量减少测量误差,使其作为衡量反应发生、物质自身性质和热危险性的重要参数指标。

反应热(ΔH)指的是单位质量反应物的放热量,ΔH 的数值越大,反应性化学物质的热危害越大。对式(5-2)在全反应温度范围内进行积分,可以得到式(5-14):

$$\Delta H = \frac{1}{M_0} \int_{T_{\text{onset}}}^{T_{\text{end}}} \frac{\mathrm{d}H}{\mathrm{d}t} \mathrm{d}t \tag{5-14}$$

式中:M_0 是反应性化学物质的初始质量;T_{onset} 是反应开始温度;T_{end} 是反应终止温度。显然,根据各类热分析仪器通过实验测试得到的反应性化学物质热流曲线以及物质的初始质量,在反应区间内进行积分即可得到该物质的 ΔH[113]。图 5-3 内网格阴影部分形成的面积就是被测物质的反应放热量。

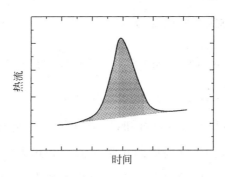

图 5-3　积分求解物质反应放热量示意图[113]

根据 SADT 的定义,可知其数值代表自反应性化学物质在实际的包装下,在 7 天内发生自加速分解放热的最低环境温度,是揭示物质热危险性的重要参数指标。经实验证实,反应物在该温度下的消耗很少($<2\%$),即 $M \approx M_0$,反应动力学模型可以通过一级反应来描述。根据化学反应基础理论以及阿伦尼乌斯(Arrhenius)定律,对式(5-2)进行推导简化后,可以得到以下关系式用以描述反应初期的热释放速率[31]。

$$\frac{\mathrm{d}H}{\mathrm{d}t} = \Delta H M_0 A \exp\left(-\frac{E}{RT}\right) \tag{5-15}$$

将式(5-15)进行整理变形,可得

$$\frac{\mathrm{d}H/\mathrm{d}t}{\Delta H M_0} = A \exp\left(-\frac{E}{RT}\right) \tag{5-16}$$

同时对式(5-16)两边取对数,可得

$$\ln\left(\frac{\mathrm{d}H/\mathrm{d}t}{\Delta H M_0}\right) = \ln A - \frac{E}{RT} \tag{5-17}$$

将反应性化学物质在反应初期实验测试得到的热流数据代入式(5-17),并作出 $\ln[(\mathrm{d}H/\mathrm{d}t)/(\Delta H M_0)]$ 与 $1/T$ 的关系图,对数据点进行线性拟合,根据得到的拟合直线斜率可以求得该物质的活化能(E),再依据其在纵轴上的截距可以求得该物质的指前因子(A)[29,31,153-155]。

基于小药量实验求解反应性化学物质的 SADT 已经成为目前物质热危险性评价领域的一个研究热点。将式(5-6)以及式(5-7)进行转换,可求得反应体系对应环境温度的 SADT[29,31,113,144-150]。

$$\Delta H M_0 A \exp\left(-\frac{E}{RT_{NR}}\right)\left(\frac{E}{RT_{NR}^2}\right) = US \tag{5-18}$$

$$\mathrm{SADT} \equiv T_0 = T_{NR} - (RT_{NR}^2/E) \tag{5-19}$$

结合式(5-18)和式(5-19)可知,反应性化学物质的 SADT 数值不仅与先前获得的反应性化学物质的化学动力学和热力学参数有关,还与反应物体系的几何尺寸以及包装材料的导热系数直接相关。在本书中,计算统一选取 25kg 标准包装,其中,反应体系与环境的接触面积为 $S = 4812.4\mathrm{cm}^2$,其表面传热系数 $U = 2.8386 \times 10^{-4} \mathrm{J/(cm^2 \cdot K \cdot s)}$[113]。

5.3　研究思路及实验方案

5.3.1　研究思路

本章借助于 C80 微量量热仪进行小药量实验测试,选用 4 种极具代表性的不同含氮量 NC 样品并对其进行元素含量测定。通过 C80 实验测试得到的热流曲线、NC 的自催化反应特性及热解产物等,系统地评价含氮量对 NC 的热自燃危险性影响,预测其在实际储运过程中的热危害,为保障其安全生产、储运和应用提供科学的理论依据。

实验使用的 C80 微量量热仪是新一代热分析仪器,由法国 SETARAM 公司研发并生产,具有极高的感度(约为 $10^{-6}\mu W$),相较于差示扫描量热仪(DSC)的感度高两个数量级及以上。因此,该种热分析仪器不仅用于普通的化学反应热流曲线测定,更能测定极其微弱的热效应。除此之外,C80 微量量热仪测试使用的样品质量范围为 $1\sim10g$,比 DSC 的测试药量高 3~4 个数量级。因此,测试的相对误差更小,实验精度大大提高,获取的数据更为准确可靠[113]。通过解析 C80 实验测试得到的热流曲线,可以求得 NC 样品在热解反应过程中的化学动力学参数和热力学参数,主要包括活化能(E)、指前因子(A)和物质的反应热(ΔH)等。结合这些参数并借助于 Semenov 模型,可以进一步推算出不同含氮量 NC 样品的 SADT。

实验选取广东省博瑞化工原料厂提供的 4 种极具代表性的 NC 材料,即低含氮量 NC(L 型 NC 和 H 型 NC 各一种),边界含氮量 NC 和高含氮量 NC。实验之前,为防止样品与外界诸多影响因素相互作用,将所有的 NC 材料都存储于真空干燥箱内。并利用 VarioEL Ⅲ 元素分析仪对 4 种 NC 样品的含氮量数值进行测定。为确保所用 NC 样品的含氮量数值可靠且准确,对每种材料进行 3 次测定,测量值如表 5-1 所示,并求取 3 次测量值的平均值作为 NC 样品的含氮量数值。

表 5-1　4 种 NC 样品中的 N、H 和 C 元素含量的 3 次测量值

化学元素	元素含量测量值/%											
	NC-11.43			NC-11.50			NC-11.98			NC-12.87		
N	11.39	11.43	11.47	11.46	11.51	11.54	11.95	11.98	12.01	12.85	12.87	12.88
H	3.24	3.19	3.30	3.21	3.17	3.25	2.98	2.96	3.01	2.53	2.51	2.55
C	26.76	26.65	26.88	26.68	26.76	26.61	26.00	26.05	25.96	24.98	25.03	24.94

　　表 5-2 显示了 NC 样品中氮（N）、氢（H）和碳（C）3 种元素含量测定的平均值、标准偏差和不确定度。随着样品中含氮量的增加，发现 H 和 C 的含量降低，这与取代硝基的数量增加直接相关。为了方便描述，用于实验研究的 NC 样品根据含氮量从低到高的顺序，分别标记为 NC-11.43、NC-11.50、NC-11.98、NC-12.87。

表 5-2　NC 样品元素分析的平均值、标准偏差和不确定度

化学元素	NC-11.43/NC-11.50/NC-11.98/NC-12.87		
	平均值/%	标准偏差/%	不确定度/%
N	11.43/11.50/11.98/12.87	0.03/0.03/0.02/0.01	0.02/0.02/0.01/0.01
H	3.24/3.21/2.98/2.53	0.04/0.03/0.02/0.02	0.03/0.02/0.01/0.01
C	26.76/26.68/26.00/24.98	0.09/0.06/0.04/0.04	0.05/0.04/0.02/0.02

5.3.2　实验方案

　　为避免其他因素的干扰，在进行 C80 实验测试之前，所有的测试样本均置于真空干燥机内。借助于电子天平将测试用 NC 样品质量保持在 0.05g 左右。值得注意的是，NC 在受到外界能量刺激时，会在某一升温速率下发生热解且升温速率会随着外界能量的变化而变化，不同升温速率下 NC 的热解行为及其热特性也会有所不同。前人针对升温速率对 NC 热解特性的实验研究主要集中在高升温速率下，然而，值得注意的是，受高升温速率下物体传热产生的热延迟影响[24]，难以模拟 NC 在生产、储存、运输及使用过程中因较小的能量刺激而在低升温速率下进行的热解过程。因此，为了更为准确可靠地获得不同含氮量 NC 的 SADT 数值，实验研究选定 C80 微量量热仪这种高精度实验测试仪器，选用比前人低

25～100 倍的 4 种恒定低升温速率(0.2℃/min、0.4℃/min、0.6℃/min 和 0.8℃/min)进行非等温实验测试,测试的温度范围从室温至 300℃,气氛条件均为空气。

5.4　结果分析

图 5-4 显示了含氮量为 11.43% 的 NC 样品在 4 种不同升温速率下的热流曲线。不难发现,所有的曲线均呈现"钟形"特征,且仅检测到一个放热峰。对于 0.2℃/min 升温速率下的 NC-11.43 样品,它在 149.08℃ 时开始分解,随后热释放速率缓慢增加,在 177.19℃ 时达到热流顶峰,其数值为 41.48mW。从热解反应开始到最大热流持续了约 2.34h。对于 0.4℃/min 升温速率下的 NC-11.43 样品,它在 158.95℃ 时开始分解,呈现与 0.2℃/min 升温速率下相似的放热峰。最大热流(79.29mW)在 188.05℃ 出现,从热解开始一直到最大热释放速率的持续时间约为 1.21h。对比 0.2℃/min 和 0.4℃/min 下 NC-11.43 的热流曲线,不难看出升温速率的增加对热流曲线峰形影响不大,但使得 NC 的热流曲线向高温区域移动,反应开始温度(T_{onset})增加,峰值温度(T_{peak})升高,最大热流(H_{peak})增大。对于 0.6℃/min 升温速率下的 NC-11.43,其热解开始于 166.78℃,迟于 0.2℃/min 和 0.4℃/min 下对应的 T_{onset},热释放速率随

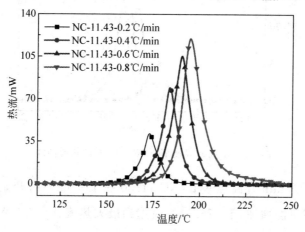

图 5-4　不同升温速率下 NC-11.43 的热流曲线

着温度在 166.78～194.42℃ 范围内逐渐增加,热流峰值为 105.21mW。
NC-11.43 在 0.6℃/min 升温速率下的反应时长减少至 0.77h。对于
0.8℃/min 升温速率下的 NC 样品(NC-11.43),反应的开始温度和峰值
温度分别增加到 171.84℃ 和 198.89℃,最大热流为 119.67mW。从热解
开始到最大热流的持续时长约为 0.56h。

4 种不同升温速率下 NC-11.43 的热解参数列于表 5-3 内,可以看
出,随着升温速率的增加,H_{peak} 增大,T_{onset} 和 T_{peak} 随之增加。另外,从
热解开始到最大热流的持续时间下降,峰形更为尖锐。

表 5-3　4 种升温速率下 NC-11.43 的热解参数

热解参数	升温速率/(℃/min)			
	0.2	0.4	0.6	0.8
T_{onset} /℃	149.08	158.95	166.78	171.84
T_{peak} /℃	177.19	188.05	194.42	198.89
H_{peak} /mW	41.48	79.29	105.21	119.67

含氮量为 11.50% 的 NC 样品在 4 种不同升温速率下的热流曲线如
图 5-5 所示,所有的曲线也均呈现“钟形”特征,并仅检测到一个放热峰。

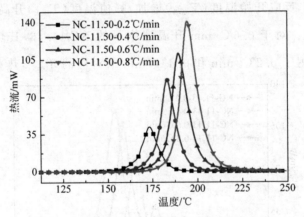

图 5-5　不同升温速率下 NC-11.50 的热流曲线

在 0.2℃/min 升温速率下,NC-11.50 在 149.02℃ 时开始分解,之后
热释放速率缓慢增加,于 176.61℃ 时达到最大热流(41.86mW)。从热解
反应开始到热流峰值历时 2.30h。与 0.2℃/min 升温速率下的 NC-11.43

样品进行对比,发现反应开始温度和峰值温度略微下降,热流峰值增加,热危险性更为明显。在 0.4℃/min 升温速率下,NC-11.50 在 157.98℃ 时开始分解,呈现与同一升温速率下 NC-11.43 相似的放热峰。最大热流(86.10mW)出现在 186.26℃,从热解开始到最大热释放速率的持续时间约为 1.18h。对比 NC-11.50 在 0.2℃/min 和 0.4℃/min 下的热流曲线,不难看出,升温速率的增加对热流曲线峰形影响不大,但升温速率的增大使得 NC-11.50 的热流曲线向高温区域移动,T_{onset} 数值增加,T_{peak} 升高,H_{peak} 增大。NC-11.50 在 0.6℃/min 升温速率下的热解反应开始于164.82℃,与 0.2℃/min 和 0.4℃/min 相比,对应的数值增加。其热释放速率在 164.82～192.84℃ 的范围内逐渐增大,最大热流数值为 110.68mW。0.6℃/min 升温速率下 NC-11.50 的反应时长降低,减少至 0.78h。NC-11.50 在 0.8℃/min 升温速率下的反应开始温度和峰值温度分别是170.60℃ 和 197.71℃,最大热流数值为 140.54mW,分解反应开始到最大热流持续时间约为 0.56h。4 种升温速率下 NC-11.50 的热解参数列于表 5-4。不难发现,随着升温速率的增加,H_{peak} 增大,T_{onset} 和 T_{peak} 随之增加。此外,热解开始到最大热流的反应时长降低,热流峰形变得越来越尖锐。

表 5-4　4 种升温速率下 NC-11.50 的热解参数

热 解 参 数	升温速率/(℃/min)			
	0.2	0.4	0.6	0.8
T_{onset}/℃	149.02	157.98	164.82	170.60
T_{peak}/℃	176.61	186.26	192.84	197.71
H_{peak}/mW	41.86	86.10	110.68	140.54

图 5-6 显示了含氮量为 11.98% 的 NC 样品在 4 种升温速率下的热流曲线。不难发现,所有的曲线均呈现出与 NC-11.43 和 NC-11.50 相似的"钟形"特征,都仅检测到一个放热峰。

对于 0.2℃/min 升温速率下的 NC-11.98 样品,它在 143.71℃ 时开始分解,随后热释放速率缓慢增加,在 176.36℃ 时达到热流顶峰,其数值为

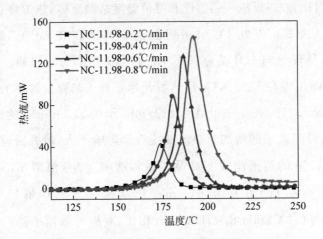

图 5-6　不同升温速率下 NC-11.98 的热流曲线

42.85mW，从热解反应开始到最大热流持续了约 2.72h。与 NC-11.43 和 NC-11.50 在 0.2℃/min 下的热流曲线进行对比，发现随含氮量增加，反应开始温度和峰值温度降低，热流峰值增大，热危险性增加。对于 0.4℃/min 升温速率下的 NC-11.98 样品，它在 155.85℃时开始分解，在 183.31℃出现最大热流（89.77mW），从热解开始到热流峰值的持续时间约为 1.14h。对照 0.2℃/min 和 0.4℃/min 下 NC-11.98 的热流曲线，不难看出升温速率的增加对热流曲线峰形影响不大，但使得 NC 热流曲线向高温区域偏移，T_{onset} 增加，T_{peak} 升高，H_{peak} 增大。对于 0.6℃/min 升温速率下的 NC-11.98 样品，热解开始于 162.78℃，高于 0.2℃/min 和 0.4℃/min。热流在 162.78～189.01℃ 范围内逐渐增加，热流峰值为 126.50mW。NC-11.98 在 0.6℃/min 升温速率下的反应时长缩短至 0.73h。NC-11.98 在 0.8℃/min 升温速率下的反应的开始温度和峰值温度分别增加至 164.26℃ 和 194.86℃，热流峰值为 145.84mW。从热解开始到最大热流持续时长约为 0.64h。表 5-5 显示了 NC-11.98 在 4 种升温速率下的热解参数。可以看出，随着升温速率的增加，NC-11.98 与 NC-11.43 和 NC-11.50 的变化规律相似，H_{peak} 增大，T_{onset} 和 T_{peak} 升高，反应开始到最大热流的持续时长下降，峰间距变窄。

表 5-5　4 种升温速率下 NC-11. 98 的热解参数

热 解 参 数	升温速率/(℃/min)			
	0.2	0.4	0.6	0.8
T_{onset}/℃	143.71	155.85	162.78	164.26
T_{peak}/℃	176.36	183.31	189.01	194.86
H_{peak}/mW	42.85	89.77	126.50	145.84

含氮量为 12.87％的 NC 样品在 4 种不同升温速率下的热流曲线如图 5-7 所示,与 NC-11.43、NC-11.50 以及 NC-11.98 不同的是,NC-12.87 的热流曲线形状向"直角三角形"转变,且在所有的曲线上仅检测到一个放热峰。

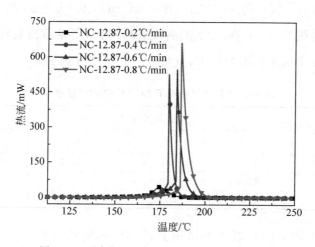

图 5-7　不同升温速率下 NC-12.87 的热流曲线

在 0.2℃/min 升温速率下,NC-12.87 在 135.12℃左右开始分解,随之热释放速率缓慢增加,在 174.63℃达到最大热流(45.02mW),从反应开始到热流峰值历时约 3.29h。与 0.2℃/min 下的 NC-11.43、NC-11.50 以及 NC-11.98 进行对比,发现反应开始温度和峰值温度明显下降,热流峰值增大,热危险性明显增加。在 0.4℃/min 升温速率下,NC-12.87 在 147.84℃时开始分解,在 179.67℃下出现最大热流,其数值为 524.26mW,从热解开始到热流峰值的持续时间约为 1.33h。NC-12.87 在 0.6℃/min 升温速率下的热解反应开始于 157.75℃,与 0.2℃/min 和 0.4℃/min 相比,对应的 T_{onset} 数值增加。其热释放速率在 157.75~184.12℃ 的范围内逐渐增大,最大热流数值为 544.40mW。0.6℃/min 升温速率下 NC-12.87 的反应时长降低,减少至 0.73h。NC-12.87 在 0.8℃/min 升温速率下的反应开始温度和峰值温度分别是 164.76℃ 和 186.48℃,最大热流数值为 659.30mW,分解反应开始到最大热流持续时间约为 0.45h。

4 种升温速率下 NC-12.87 的热解参数被列于表 5-6 内。不难发现,随着升温速率的增加,NC-12.87 与 NC-11.43、NC-11.50 和 NC-11.98 呈现相似的变化规律,热流曲线向高温区域移动,H_{peak} 增大,T_{onset} 和 T_{peak} 随之增加。此外,从热解反应开始到最大热流的反应时长明显降低,热流峰形变得更加尖锐。将 NC-12.87 在 0.4℃/min、0.6℃/min 和 0.8℃/min 下的热流曲线与 0.2℃/min 下的曲线进行对比,不难看出其峰热流曲线形受升温速率的增加影响巨大,直角三角形特性愈加明显。

表 5-6　4 种升温速率下 NC-12.87 的热解参数

热 解 参 数	升温速率/(℃/min)			
	0.2	0.4	0.6	0.8
T_{onset}/℃	135.12	147.84	157.75	164.76
T_{peak}/℃	174.63	179.67	184.12	186.48
H_{peak}/mW	45.02	524.26	544.40	659.30

根据 4 种不同升温下测试得到的 NC 热解曲线和相关参数,依据式(5-14)推算出 NC-11.43、NC-11.50、NC-11.98 和 NC-12.87 在各个升温速率下单位质量 NC 样品的反应热。同时根据式(5-17)作出 $\ln[(dH/dt)/(\Delta HM_0)]$ 与温度倒数(T^{-1})之间的关系图,作出一条拟合直线,再根据拟合直线的斜率和截距推算出活化能(E_a)和指前因子(A)[29,31,153-155]。以图 5-8 内 0.2℃/min 下 NC-12.87 的数据点及拟合直线为例,不难发现拟合直线的确定系数(R^2)高达 0.99668,拟合度极好。依据 NC-12.87 在 0.2℃/min 下的斜率(-20915.68)和截距(45.27),可得出该升温速率下 NC-12.87 的 E_a=173.89kJ/mol,A=4.58×10¹⁹ s⁻¹。

同样地,通过计算得出 NC-11.43 在 0.2℃/min、0.4℃/min、0.6℃/min

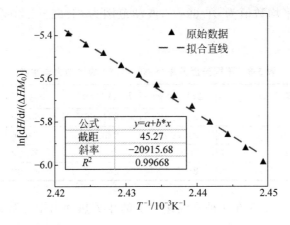

公式	$y=a+b*x$
截距	45.27
斜率	−20915.68
R^2	0.99668

图 5-8　NC-12.87 在 0.2℃/min 下 $\ln[(\mathrm{d}H/\mathrm{d}t)/(\Delta HM_0)]$ 与 T^{-1} 之间的关系

和 0.8℃/min 下的相关热动力学参数,如表 5-7 所示。不难发现,NC-11.43 在 4 种升温速率下的反应热变化不大,在 2991.92J/g 附近波动,上下波动范围约为 195.28J/g。$\ln[(\mathrm{d}H/\mathrm{d}t)/(\Delta HM_0)]$ 与 T^{-1} 之间拟合直线的确定系数(R^2)均高于 0.99939,表明该数值可信度极高。活化能 E 及指前因子的自然对数 $\ln A$ 均在一定范围内波动,其中,E 和 $\ln A$ 的平均数值为 254.44kJ/mol 和 64.93s^{-1},波动范围分别是 254.44±17.37kJ/mol 和 64.93±5.13s^{-1},数据差别不大。

表 5-7　不同升温速率下 NC-11.43 的热动力学参数

热动力学参数		$\Delta H/(\mathrm{J/g})$	$E/(\mathrm{kJ/mol})$	$\ln A/\mathrm{s}^{-1}$	R^2
升温速率/ (℃/min)	0.2	3187.20	248.26	65.35	0.99939
	0.4	2981.80	253.73	65.82	0.99981
	0.6	2796.64	271.81	70.05	0.99986
	0.8	2831.18	237.08	59.80	0.99959

表 5-8 显示了 NC-11.50 在 4 种升温速率下的热动力学参数。与 NC-11.43 类似的是,4 种升温速率下的反应热变化不大,平均数值约为 3038.79J/g,上下变化范围为 233.63J/g。4 种升温速率下 NC-11.50 的 E 及 $\ln A$ 的拟合直线确定系数 $R^2 \geqslant 0.99928$,可信度及精确度很高,且 E 的求解数值在 242.96kJ/mol 左右波动,波动范围为 242.96±17.92kJ/mol。

同时,$\ln A$ 的平均数值为 $61.62s^{-1}$,波动范围为 $61.62\pm4.40s^{-1}$,整体上数据差别不大。

表 5-8　不同升温速率下 NC-11.50 的热动力学参数

热动力学参数		$\Delta H/(J/g)$	$E/(kJ/mol)$	$\ln A/s^{-1}$	R^2
升温速率/ (℃/min)	0.2	3272.42	231.56	60.59	0.99928
	0.4	3145.49	233.47	60.16	0.99941
	0.6	3002.03	225.04	57.22	0.99960
	0.8	2805.17	260.88	66.02	0.99990

此外,NC-11.98 在 4 种升温速率下的相关热动力学参数被列于表 5-9 内。不难发现的是,NC-11.98 的反应热呈现与 NC-11.43 和 NC-11.50 相似的变化规律,均在某一数值($3396.87J/g$)上下波动,波动幅度约为 $149.19J/g$。各个升温速率下 $\ln[(dH/dt)/(\Delta HM_0)]$ 与 T^{-1} 之间的拟合直线确定系数 R^2 均高于 0.99922,侧面印证计算得到的活化能和指前因子数值可信度极高。相似的是,E 及 $\ln A$ 也在一定范围内波动,它们的平均数值分别为 $211.42kJ/mol$ 和 $54.07s^{-1}$,波动范围分别为 $211.42\pm13.96kJ/mol$ 及 $54.07\pm5.01s^{-1}$,数据差别较小。

表 5-9　不同升温速率下 NC-11.98 的热动力学参数

热动力学参数		$\Delta H/(J/g)$	$E/(kJ/mol)$	$\ln A/s^{-1}$	R^2
升温速率/ (℃/min)	0.2	3368.96	209.68	53.37	0.99922
	0.4	3546.06	197.46	49.06	0.99961
	0.6	3247.68	210.67	53.73	0.99990
	0.8	3472.16	225.37	59.08	0.99964

表 5-10 显示了 4 种升温速率下 NC-12.87 的热动力学参数。与 NC-11.43、NC-11.50 和 NC-11.98 类似的是,反应热 ΔH 在 4 种升温速率下变化不大,平均数值约为 $4073.46J/g$,上下波动范围约为 $272.70J/g$。各个升温速率下 NC-12.87 的 E 及 $\ln A$ 的拟合直线确定系数 $R^2 \geqslant 0.99668$,可信度及精确度相对较高,且 E 的求解数值在 $191.67kJ/mol$ 左右波动,波动范围为 $191.67\pm17.78kJ/mol$。同时,$\ln A$ 的平均数值约为 $49.42s^{-1}$,波动范围为 $49.42\pm4.15s^{-1}$,整体上数据差别不明显。

表 5-10　不同升温速率下 NC-12.87 的热动力学参数

热动力学参数		$\Delta H/(\text{J/g})$	$E/(\text{kJ/mol})$	$\ln A/\text{s}^{-1}$	R^2
升温速率/ （℃/min）	0.2	3800.76	173.89	45.27	0.99668
	0.4	4346.15	178.58	46.02	0.99893
	0.6	3824.48	209.44	53.56	0.99988
	0.8	4098.73	201.53	50.77	0.99993

综上，结合 NC-11.43、NC-11.50、NC-11.98 以及 NC-12.87 在 C80 实验中 4 种升温速率下获得的平均反应热（ΔH）、活化能（E）及指前因子（A）等相关热动力学参数，计算并预测不同含氮量 NC 的 SADT。其中，计算时统一选取 25kg 的标准包装，反应体系与环境的接触面积为 $S=4812.4\text{cm}^2$，表面传热系数 $U=2.8386\times10^{-4}\text{J/(cm}^2\cdot\text{K}\cdot\text{s})$，使用的测试样品量 $M_0=0.05\text{g}$。借助于式（5-18）以及式（5-19），获得不同含氮量 NC 的 SADT 数值，如表 5-11 所示。不难发现，25kg 标准包装下，NC-11.43、NC-11.50、NC-11.98 以及 NC-12.87 样品，其安全储存温度设定应分别位于 99.04℃、97.26℃、83.03℃和 71.50℃之下。

表 5-11　不同含氮量 NC 的热动力学参数

NC 样品	$\Delta H/(\text{J/g})$	$E/(\text{kJ/mol})$	$\ln A/\text{s}^{-1}$	SADT/℃
NC-11.43	2991.92	254.44	64.93	99.04
NC-11.50	3038.79	242.96	61.62	97.26
NC-11.98	3396.87	211.42	54.07	83.03
NC-12.87	4073.46	191.67	49.42	71.50

从表 5-11 的最后一列可以看出，不同含氮量 NC 的 SADT 数值很低，均不超过 100℃，并且随着含氮量的增加而降低。这表明 NC 内取代硝基基团个数（即含氮量）的增加和纤维表面裂隙程度的增大直接影响到 NC 的热稳定性，且由于 NC 的自催化反应特性随含氮量增加而增大，在反应初期生成的 NO_2 和甲醛（HCHO）等气体，会作为催化剂不断地促使反应放热，导致热量积聚，最终达到 NC 的自加速分解温度，促使反应不断地进行。

图 5-9 能更直观地表现出 SADT 与含氮量之间的关系，表明在外界

高温的密闭条件下，集装箱内高含氮量 NC 更容易发生自燃并最终引发爆炸，和我们之前的实验结果相一致[17-18]。因此，在实际的生产、制造、储存、运输以及使用过程中，必须在整个处理过程中加强对高含氮量 NC 的温度调控。

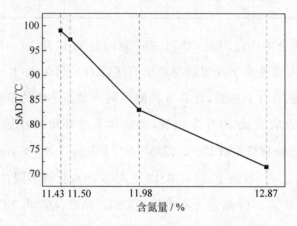

图 5-9　不同含氮量 NC 的 SADT

5.5　本章小结

　　将本章研究中有关物质的热自燃危险性评价方法与第 2 章中的临界热失控温度预测方法进行比对，不难发现，两者在相关动力学参数的求解方法上存在一定的差异。其中，前者假定反应的机理函数满足 n 级反应模型，且为了预测反应的 SADT，假定在反应初期物质的质量几乎不变（$M \approx M_0$）。借助于单升温速率下的实验数据进行相关计算，可获得自反应性化学物质在反应初期的活化能（E）和指前因子（A）等相关参数，用以计算 SADT 数值。然而，后者是典型的无模型评估方法。借助于多重升温速率，对不同转化率（α）下物质的活化能数值（E_a）进行评估，可以获得相对准确的活化能数值，用以预测物质的临界热失控温度（T_b）。但由于无模型方法无法直接且准确地获取指前因子数值，所以并不太适合用以预测物质的 SADT。结合模型拟合方法和无模型方法，可以更好地评价物质的热自燃危险性和临界热失控温度，对确保自反应化学物质的安全生产、处理、储存和运输具有指导意义。

借助于 C80 微量量热仪测得四重升温速率下 NC 的热流曲线,获得了含氮量对 NC 热解行为的具体影响数据,并计算得出不同含氮量 NC 的化学动力学和热动力学参数等。其中,化学动力学参数主要包括反应初期的活化能(E)和指前因子(A),而热力学参数主要是物质的反应热(ΔH)。再借助于 Semenov 理论模型,进一步推算出不同含氮量 NC 样品在 25kg 标准包装下的 SADT 数值。同时,结合 NC 的热解特性和过程机理等,综合分析并预测了不同含氮量 NC 的热自燃危险性。

综上,可得出以下结论:

(1)受高升温速率下物体传热产生的热延迟影响,NC 热解反应开始温度(T_{onset})和峰值温度(T_{peak})随升温速率的增加而增大。

(2)NC 的热解反应遵循"赫斯定律",升温速率本身对 NC 的反应热(ΔH)影响不大。但由于升温速率的增加,反应在更快的时间内完成,因此最大热流(H_{peak})随之增加。

(3)含氮量对 NC 的热解峰形有直接影响,热流曲线随含氮量增加由"钟形"向"直角三角形"转变,T_{onset} 提前,H_{peak} 增大。

(4)随含氮量增加,NC 的 ΔH 增大,反应初期的 E 和 A 减少,SADT 数值降低。其中,含氮量为 12.87% 的 NC 比含氮量为 11.43% 的 NC,E 降低约 62.77kJ/mol,ΔH 增大约 1081.54J/g,SADT 降低约 27.54℃。

(5)预测了 4 种不同含氮量 NC 的热自燃危险性,并提出它们在 25kg 标准包装下的安全储存温度。结果表明,在 25kg 标准包装下,高含氮量 NC 的 SADT 数值仅为 71.50℃,具有更高的热自燃危险性。

(6)NC 作为一种典型的含能材料和工业原料,其纤维表面裂隙程度、取代硝基基团个数及自催化特性等均随含氮量的增加而增大,在反应初始阶段生成的 NO_2 和 HCHO 等气态产物作为催化剂不断地促进反应发生,导致 NC 在实际的堆放过程中产生大量的热量积聚,使得温度升高直至其自加速分解温度,最终引发自燃或者爆炸事故。

因此,在 NC 实际的生产、储存及运输过程中,需要更为严苛的防护降温措施,以确保整个过程的安全。

结　语

本书以天津港"8·12"特别重大火灾爆炸事故为研究背景,将天津港"8·12"事故元凶 NC 作为研究对象,全面系统地分析了含氮量对硝化纤维素(NC)结构特性、热解特性、临界热失控温度、热解过程和热自燃危险性的影响,为危险化学品热风险预测研究奠定了坚实基础。开展的主要研究工作以及获得的主要结论如下:

(1) 使用 SEM 探究了不同含氮量 NC 的微观结构。同时利用 C80 微量量热仪执行等温和非等温实验测试,研究了 NC 的自催化特性以及含氮量对其热解特性的具体影响。借助于 Arrhenius 公式和多种经典的动力学理论模型,获得了不同含氮量 NC 的反应热(ΔH)和不同转化率 α 下的活化能(E_a)数值等相关动力学参数。计算并预测了含氮量对 NC 临界热失控温度(T_b)的影响。

主要研究结论为:不同含氮量 NC 在宏观结构上差异极小,呈现相似的白度和粉状软纤维结构。SEM 的实验结果揭示 NC 纤维表面的裂纹程度和粗糙程度均随含氮量的增加而增大;高含氮量和高升温速率下的燃烧或爆炸过程是造成 NC 的热流曲线从"钟形"转变为"直角三角形"的直接原因。随含氮量增加,H_{peak} 和热释放速率梯度随之增大,T_{onset} 降低;等温实验下所有的 NC 热流曲线都呈现"钟形"特质,证实了其热解反应是一种自催化反应。且 NC 的自催化特性随等温温度和含氮量的增加而增大;随含氮量增加,Vyazovkin 方法下 NC 在热解反应初期[转化率(α)小于 10%时]的活化能平均值(E_A)降低,ΔH 增大,理论反应开始温度(T_{e0})提前,T_b 降低。

(2) 结合元素分析仪,测定了不同含氮量 NC 的氮(N)、氢(H)和碳(C)元素含量。并通过 FTIR、TG-FTIR 和 Py-GC/MS,研究了含氮量对

NC 整个热解过程的影响机制。

主要结论为：常温下，NC 样品含氮量对 NC 的分子结构影响不大。随着温度升高，NC 的整个热解过程最先发生的是 O—NO$_2$ 键断裂，然后是现有的大分子分解为较小的分子，再进行碳骨架和环内氧桥的断裂；根据 TG 曲线，将 NC 的整个热解过程划分为初始反应阶段（室温至240℃），主体反应阶段（180～240℃）和后反应阶段（240～300℃）；随着含氮量的增加，NC 的残渣量减少，热失重速率峰值温度提前，峰值增大；基于实验研究确定的 NC 主要的轻质气态产物，发现含氮量的增加使得其轻质气体比例增大，气态产物类型更为丰富，且均包含羰基基团，在后反应阶段出现了明显的环化重组现象。

（3）根据不同含氮量 NC 的共同气态产物，综合分析了 NC 的整个热解过程，明确了各阶段主要的氮氧化物，并归纳出 NO 含量增加的原因。

主要结论为：在初始反应阶段，最先生成的气态产物是 NO$_2$ 和 HCHO。该阶段主要的氮氧化物是 NO$_2$；在主体反应阶段，已生成的 NO$_2$ 和 HCHO 与凝聚相 NC 相互作用，导致分子内大量化学键断裂，生成各类轻质气体。该阶段氮的主要氧化物转变为 NO；在后反应阶段，更多的化学键被破坏，产物种类进一步增加。该阶段氮氧化物主要成分仍是 NO；高温下 NO 含量增加的主要原因是 NO$_2$ 会在 150℃ 的条件下吸热分解并释放出 NO：$2NO_2 \longrightarrow 2NO + O_2$，$\Delta H = 114\text{kJ/mol}$；同时在 NC 的热解过程中存在下列反应：$RH + NO_2 \cdot \longrightarrow R \cdot + HNO_2$；$2HNO_2 \longrightarrow NO + NO_2 + H_2O$；$3NO_2 + H_2O \longrightarrow 2HNO_3 + NO$；最后，本书提出了基于温度段划分原则下更为完善的 NC 热解反应机理。

（4）对不同含氮量 NC 的热自燃危险性进行了系统的阐述，基于 C80 微量量热仪小药量实验、Semenov 理论模型、NC 的结构特性、热解特性和热解产物等，综合分析并预测了含氮量对 NC 热自燃危险性的影响。

主要研究结论为：NC 的热解反应开始温度（T_{onset}）、峰值温度（T_{peak}）和热流峰值（H_{peak}）均随升温速率的增加而增大；随含氮量增加，热流曲线由"钟形"转变为"直角三角形"，T_{onset} 提前，H_{peak} 增大；NC 的反应热

(ΔH)随含氮量的增加而增大,反应初期的活化能(E)和指前因子(A)均随之减少,导致热解反应更容易发生,25kg 标准包装下 NC 的 SADT 数值降低;NC 纤维表面裂隙程度、取代硝基基团个数以及自催化特性增加,反应初始阶段生成的 NO_2 和 HCHO 作为催化剂不断地促进反应发生,导致 NC 在实际的堆放过程中产生大量的热量积聚,体系内温度不断升高直至 SADT,最终引发自燃。

本书以引发天津港"8·12"特别重大火灾爆炸事故的危险化学品 NC 的热稳定性作为研究对象,重点研究并预测了 NC 的热解机理及热自燃危险性。通过开展小尺度基础实验,揭示 NC 的热解行为细节、热失控、火灾爆炸事故发生的内在机制,相关结果为危险化学品的热风险预测提供了基础数据和理论依据。本书的主要创新之处包括:

(1) 结合等温及非等温两种基础原理方法,研究分析了 NC 的自催化特性和热解特性,揭示了高含氮量 NC 热流曲线上"转折点""直角三角形"特征形成的内在原因,提出了高含氮量和高升温速率是造成燃烧或爆炸过程的主要诱导因素,并明确了不同条件下 NC 材料的临界热失控温度等动力学参数,从而为发展安全的储存方式奠定理论基础并提供参数依据。

(2) 综合定性及定量分析方法,系统地研究了含氮量对 NC 热解产物的影响。针对不同含氮量 NC 的气态产物共性,提出了以温度段划分为原则的 NC 的热解过程机理,并给出甄别各阶段主要氮氧化物的理论依据。对预防由 NC 引发的火灾爆炸事故、制定储存安全规范准则提供了基础实验数据。

(3) 全面、系统地分析了含氮量对 NC 宏观结构、微观结构以及分子结构的影响。借助于高精度实验仪器 C80 微量量热仪执行低升温速率实验,真实地模拟了 NC 在实际热解过程中的行为特征,评估并预测了 Semenov 模型下 25kg 标准包装 NC 的 SADT。结合 NC 的结构特性、自催化特性和反应初期的热解产物,对 NC 的热自燃危险性进行了综合分析评价,为危险化学品的实际储运过程提供安全风险分析。

　　本书主要是完成了 NC 热解机理及其热自燃危险性预测的相关研究，揭示了不同含氮量 NC 在结构特性、热解特性和热解过程中的差别，为危险化学品在生产、处理、储存和运输过程中安全行为规范的制定提供了科学合理的理论依据。但随着化工产业和社会的高速发展，对危险化学品的安全防护、材料物性探究以及热风险预测需要不断地优化、细化并拓展。基于该类理念，计划在未来的研究中开展以下几方面工作：

　　（1）对实际储运过程中多因素影响下的危险化学品进行热风险预测。以 NC 为例，探究水、干燥时长、湿润剂类型和加水次数等各类因素对其热稳定性的影响，有利于规避在实际处理过程中的安全风险，提高本质安全控制。

　　（2）深入剖析危险化学品在生产和处理过程中的不稳定因素。譬如，NC 通常要经历酸洗和碱洗等流程，其内部的残酸和杂质是造成热稳定性差的主要原因。因此，可针对酸类物质、碱类物质、浓度大小、配比方案以及含量多少对 NC 的热风险进行更为深入的探索研究。

　　（3）为危险化学品热风险预测、事故预防、事故调查等提供理论支撑。基于实验测试得到危险化学品相关动力学参数和热危险性参数等，建立物质在燃烧或爆炸过程中的临界热失控动力学模型实现对危险化学品的热风险预测或对事故情景的模拟推演。

参 考 文 献

[1] 邵自强.硝化纤维素生产工艺及设备[M].北京：北京理工大学出版社,2002.

[2] WISNIAK J. The development of dynamite：from braconnot to Nobel[J]. Educación Química,2008,19(1)：71-81.

[3] PELOUZE J. Note sur les Produits de l'Action de l'Acide Nitrique Concentré sur l'Amidon et le Ligneaux[J]. Compt Rendus,1838,7：713-715.

[4] FIELD S Q. Boom！：the chemistry and history of explosives[M]. Chicago：Chicago Review Press,2017.

[5] BASEL N. Bericht über die verhandlungen der naturforschenden gesellscahft in basel [M]. Basel：Naturforschende Gesellschaft,Vol. 6. 1844.

[6] 邵自强,王文俊.硝化纤维素结构与性能[M].北京：国防工业出版社,2011.

[7] PONTING C. Gunpowder：An explosive history-from the alchemists of China to the battlefields of Europe[M]. New York：Random House. 2011.

[8] 中国兵器工业总公司.GJB 3204-1998：军用硝化棉通用规范[S].国防科学技术工业委员会,1998.

[9] CHRISTODOULATOS C,SU T L,KOUTSOSPYROS A. Kinetics of the alkaline hydrolysis of nitrocellulose [J]. Water Environment Research, 2001, 73 (2)： 185-191.

[10] ALINAT E, DELAUNAY N, ARCHER X, et al. A new method for the determination of the nitrogen content of nitrocellulose based on the molar ratio of nitrite-to-nitrate ions released after alkaline hydrolysis[J]. Journal of Hazardous Materials,2015,286：92-99.

[11] 中国兵器工业集团公司.WJ 9028-2005,涂料用硝化棉规范[S].国防科学技术工业委员会,2005.

[12] 张素贤,戴安全.军用硝化棉系列标准协调性探讨[J].国防技术基础,2003(1)： 24-25.

[13] 王凤兰,王清洲.民用硝化棉生产中含氮量的控制[J].河北化工,2005,28(5)： 54-55.

[14] 新华社.天津港"8·12"瑞海公司危险品仓库特别重大火灾爆炸事故调查报告 [EB/OL].（2016-02）[2022-10-01]. https：//www. mem. gov. cn/gk/sgcc/ tbzdsgdcbg/2016/201602/p020190415543917598002. pdf.

[15] 何雨.不同醇类湿润剂对硝化棉热分解和燃烧特性的影响研究[D].合肥：中国科学技术大学,2018.

[16] 魏瑞超.增塑剂邻苯二甲酸二丁酯对硝化棉热行为的影响研究[D].合肥：中国科

学技术大学,2019.

[17] CHAI H,DUAN Q,JIANG L,et al. Theoretical and experimental study on the effect of nitrogen content on the thermal characteristics of nitrocellulose under low heating rates[J]. Cellulose,2019,26(2): 763-776.

[18] CHAI H, DUAN Q, CAO H, et al. Effects of nitrogen content on pyrolysis behavior of nitrocellulose[J]. Fuel,2020,264: 116853.

[19] FERNÁNDEZ DE LA OSSA MÁ,LÓPEZ-LÓPEZ M,TORRE M,et al. Analytical techniques in the study of highly-nitrated nitrocellulose [J]. TrAC Trends in Analytical Chemistry,2011,30(11): 1740-1755.

[20] MAHAJAN R, MAKASHIR P, AGRAWAL J. Combustion behaviour of nitrocellulose and its complexes with copper oxide. Hotstage microscopic studies [J]. Journal of Thermal Analysis and Calorimetry,2001,65(3): 935-942.

[21] SHAMSIPUR M, POURMORTAZAVI S M, HAJIMIRSADEGHI S S, et al. Effect of functional group on thermal stability of cellulose derivative energetic polymers[J]. Fuel,2012,95: 394-399.

[22] KATOH K,ITO S,KAWAGUCHI S,et al. Effect of heating rate on the thermal behavior of nitrocellulose[J]. Journal of Thermal Analysis and Calorimetry,2009, 100(1): 303-308.

[23] KATOH K,ITO S,OGATA Y,et al. Effect of industrial water components on thermal stability of nitrocellulose [J]. Journal of Thermal Analysis and Calorimetry,2009,99(1): 159-164.

[24] POURMORTAZAVI S M, HOSSEINI S G, RAHIMI-NASRABADI M, et al. Effect of nitrate content on thermal decomposition of nitrocellulose[J]. Journal of Hazardous Materials,2009,162(2-3): 1141-1144.

[25] SOVIZI M R,HAJIMIRSADEGHI S S,Naderizadeh B. Effect of particle size on thermal decomposition of nitrocellulose[J]. Journal of Hazardous Materials,2009, 168(2-3): 1134-1139.

[26] HE Y,HE Y,LIU J,et al. Experimental study on the thermal decomposition and combustion characteristics of nitrocellulose with different alcohol humectants[J]. Journal of Hazardous Materials,2017,340: 202-212.

[27] TOMASZEWSKI W, CIEŚLAK K, ZYGMUNT A. Influence of processing solvents on decomposition of nitrocellulose in smokeless powders studied by heat flow calorimetry[J]. Polymer Degradation and Stability,2015,111: 169-175.

[28] KATOH K,SORAMOTO T,HIGASHI E,et al. Influence of water on the thermal stability of nitrocellulose[J]. Sci Technol Energ Mater,2014,75(1-2): 44-49.

[29] WANG Q,SUN J,GUO S. Spontaneous combustion identification of stored wet cotton using a C80 calorimeter[J]. Industrial Crops and Products,2008,28(3): 268-272.

[30] KATOH K, HIGASHI E, SABURI T, et al. Spontaneous ignition behavior of nitrocellulose-sulfuric acid mixtures[J]. Applied Mechanics and Materials,2014,

625：280-284.

[31] GUO S，WANG Q，SUN J，et al. Study on the influence of moisture content on thermal stability of propellant[J]. Journal of Hazardous Materials，2009，168（1）：536-541.

[32] KATOH K，HIGASHI E，NAKANO K，et al. Thermal behavior of nitrocellulose with inorganic salts and their mechanistic action[J]. Propellants，Explosives，Pyrotechnics，2010，35（5）：461-467.

[33] RYCHLÝ，LATTUATI-DERIEUX A，MATISOVÁ-RYCHLÓ L，et al. Degradation of aged nitrocellulose investigated by thermal analysis and chemiluminescence[J]. Journal of Thermal Analysis and Calorimetry，2011，107（3）：1267-1276.

[34] NEVES A，ANGELIN E M，ROLDAO E，et al. New insights into the degradation mechanism of cellulose nitrate in cinematographic films by Raman microscopy[J]. Journal of Raman Spectroscopy，2019，50（2）：202-212.

[35] BERTHUMEYRIE S，COLLIN S，BUSSIERE P-O，et al. Photooxidation of cellulose nitrate：New insights into degradation mechanisms[J]. Journal of Hazardous Materials，2014，272：137-147.

[36] LIU H，FU R. Studies on thermal decomposition of nitrocellulose by pyrolysis-gas chromatography[J]. Journal of Analytical and Applied Pyrolysis，1988，14（2-3）：163-169.

[37] KUMITA Y，WADA Y，ARAI M，et al. A study on thermal stability of nitrocellulose[J]. Journal of the Japan Explosives Society：explosion，explosives and pyrotechnics，2002，63（5）：271-274.

[38] DAUERMAN L，TAJIMA Y A. Thermal decomposition and combustion of nitrocellulose[J]. AIAA Journal，1968，6（8）：1468-1473.

[39] JIN M，LUO N，LI G，et al. The thermal decomposition mechanism of nitrocellulose aerogel[J]. Journal of Thermal Analysis and Calorimetry，2015，121（2）：901-908.

[40] SHAFIZADEH F，WOLFROM M. The Controlled Thermal Decomposition of Cellulose Nitrate. Ⅳ. C14-Tracer Experiments1，2[J]. Journal of the American Chemical Society，1958，80（7）：1675-1677.

[41] GELERNTER G，BROWNING L C，HARRIS S R，et al. The slow thermal decomposition of cellulose nitrate[J]. J Phys Chem，1956，60：1260-1264.

[42] ROBERTSON R，NAPPER S S. LXXI. —The evolution of nitrogen peroxide in the decomposition of guncotton[J]. Journal of the Chemical Society，Transactions，1907，91：764-786.

[43] KLEIN R，MENTSER M，VON ELBE G，et al. Determination of the thermal structure of a combustion wave by fine thermocouples[J]. Journal of Physical and Colloid Chemistry，1950，54：877.

[44] LIN C P，SHU C M. A comparison of thermal decomposition energy and nitrogen

content of nitrocellulose in non-fat process of linters by DSC and EA[J]. Journal of Thermal Analysis and Calorimetry,2009,95(2): 547-552.

[45] KATOH K, FUKUI S, MAEDA A, et al. Thermal decomposition behavior of nitrocellulose mixed with acid solutions[J]. Science and Technology of Energetic Materials,2018,79(1-2): 43-48.

[46] KATOH K, FUKUI S, MAEDA A, et al. Thermal decomposition behavior of nitrocellulose/acid mixtures in sealed and open systems [J]. Science and Technology of Energetic Materials,2018,79(1-2): 22-27.

[47] FUKUI S, KATOH K, OGASAWARA Y, et al. Influence of sample container volume on the thermal decomposition behavior of nitrocellulose/acid mixtures[J]. Science and Technology of Energetic Materials,2018,79(5-6): 180-185.

[48] WEI R C,HE Y P,ZHANG Z,et al. Effect of different humectants on the thermal stability and fire hazard of nitrocellulose[J]. Journal of Thermal Analysis and Calorimetry,2018,133(3): 1291-1307.

[49] PARK S S,HWANG I S,KANG M S,et al. Thermal decomposition characteristics of expired single-based propellant using a lab-scale tube furnace and a thermo-gravimetric analysis reactor[J]. Journal of Thermal Analysis and Calorimetry, 2016,124(2): 657-665.

[50] MI W Z, WEI R C, ZHOU T N, et al. Experimental study on the thermal decomposition of two nitrocellulose mixtures in different forms[J]. Materials Science-Medziagotyra,2019,25(1): 60-65.

[51] MEI X L, ZHONG G Y,CHENG Y. Ignition and combustion characteristics of aluminum/manganese iodate/nitrocellulose biocidal nanothermites[J]. Journal of Thermal Analysis and Calorimetry,2019,138(1): 425-432.

[52] LIN C P, CHANG Y M, GUPTA J P, et al. Comparisons of TGA and DSC approaches to evaluate nitrocellulose thermal degradation energy and stabilizer efficiencies[J]. Process Safety and Environmental Protection, 2010, 88 (6): 413-419.

[53] GAO X,JIANG L,XU Q. Experimental and theoretical study on thermal kinetics and reactive mechanism of nitrocellulose pyrolysis by traditional multi kinetics and modeling reconstruction[J]. Journal of Hazardous Materials,2020,386: 9.

[54] ESLAMI A, HOSSEINI S G, SHARIATY S H M. Stabilization of ammonium azide particles through its microencapsulation with some organic coating agents [J]. Powder Technology,2011,208(1): 137-143.

[55] ZHANG X, WEEKS B L. Preparation of sub-micron nitrocellulose particles for improved combustion behavior[J]. Journal of Hazardous Materials,2014,268: 224-228.

[56] HURLEY M J,GOTTUK D T, HALL JR J R, et al. SFPE handbook of fire protection engineering[M]. New York: Springer,2015.

[57] SOKOLOVA O V, VOROZHTSOV D L. Development of rapid method for

determining the total carbon in boron carbide samples with elemental analyzer[J]. Russian Journal of Applied Chemistry,2014,87(11): 1640-1643.

[58] BALOYI H,DUGMORE G. Pyrolytic topping of coal-algae composite under mild inert conditions[J]. Journal of Energy in Southern Africa,2019,30(3): 44-51.

[59] ZHOU Q, DUAN D D, FENG J W. Preparation of Ni-Co/RuO$_2$ composite electrode and electrocatalytic activity for hydrogen evolution[J]. Chinese Journal of Inorganic Chemistry,2020,35(12): 2301-2310.

[60] WANG P B,LU H J,SHEN Y J. Flexible 3-D helix fabrication by in-situ SEM micromanipulation system[J]. IEEE Transactions on Industrial Electronics,2020, 67(7): 5565-5574.

[61] SON K H,KIM J H,KIM D E,et al. Analysis of correlation between contrast and component of polylatic acid composite for fused deposition modeling 3D printing [J]. Journal of Nanoscience and Nanotechnology,2020,20(8): 5107-5111.

[62] NAREN G, REN T Y, BAO L H, et al. Preparation and optical absorption properties of ternary rare earth boride LaxPr1-xB6 submicron powders[J]. Journal of Nanoscience and Nanotechnology,2020,20(8): 5064-5069.

[63] KENAWY E R, SHAKER N O, Azaam M, et al. Montmorillonite intercalated norfloxacin and tobramycin for new drug-delivery systems[J]. Journal of Nanoscience and Nanotechnology,2020,20(8): 5246-5251.

[64] DO D T, SINGH J, OEY I, et al. A novel apparatus for time-lapse optical microscopy of gelatinisation and digestion of starch inside plant cells[J]. Food Hydrocolloids,2020,104: 11.

[65] VINCENT L,BARALE S B,SANDEAU A L,et al. Monitoring grease production by reaction calorimetry and thermoanalytical methods as an alternative to dropping point determination[J]. Energy & Fuels,2017,31(10): 11489-11494.

[66] TEODORESCU M, POPA V T. Solution molar enthalpiesfor 1-butyl-3-methylimidazolium chloride + 1-propanol system at 303.56 and 318.68 K[J]. Revue Roumaine De Chimie,2019,64(5): 445-452.

[67] SUN Q, JIANG L, GONE L, et al. Experimental study on thermal hazard of tributyl phosphate-nitric acid mixtures using micro calorimeter technique[J]. Journal of Hazardous Materials,2016,314: 230-236.

[68] OJALA L S,UUSI-KYYNY P,ALOPAEUS V. Prototyping a calorimeter mixing cell with direct metal laser sintering[J]. Chemical Engineering Research and Design,2016,108: 146-151.

[69] LIU J,LI X S,ZHANG Z W,et al. Promotion of CO$_2$ capture performance using piperazine (PZ) and diethylenetriamine (DETA) bi-solvent blends[J]. Greenhouse Gases-Science and Technology,2019,9(2): 349-359.

[70] IWATA Y. Thermal decomposition of di-tert-butylperoxide measured with calorimeter[J]. Science and Technology of Energetic Materials, 2019, 80(3-4): 80-85.

[71] GOLIKOVA A,TSVETOV N,SAMAROV A,et al. Excess enthalpies and heat of esterification reaction in ethanol plus acetic acid plus ethyl acetate plus water system at 313. 15 K[J]. Journal of Thermal Analysis and Calorimetry,2020, 139(2): 1301-1307.

[72] DENG J,SONG J J,ZHAO J Y,et al. Gases and thermal behavior during high-temperature oxidation of weathered coal[J]. Journal of Thermal Analysis and Calorimetry,2019,138(2): 1573-1582.

[73] CHEN D X, ZHANG K, LI J K, et al. Microcalorimetric investigation of the ATPase activity and the refolding activity of GroEL system[J]. Journal of Thermal Analysis and Calorimetry,2019,135(4): 2411-2418.

[74] XU H,YAN J,XU Y G,et al. Novel visible-light-driven AgX/graphite-like C3N4 (X=Br, I) hybrid materials with synergistic photocatalytic activity[J]. Applied Catalysis B-Environmental,2013,129: 182-193.

[75] SUN J,ZHOU S B,HOU P,et al. Synthesis and characterization of biocompatible Fe_3O_4 nanoparticles[J]. Journal of Biomedical Materials Research Part A,2007, 80A(2): 333-341.

[76] CHENG F Y,SU C H,YANG Y S,et al. Characterization of aqueous dispersions of Fe_3O_4 nanoparticles and their biomedical applications[J]. Biomaterials,2005, 26(7): 729-738.

[77] YAO Z L,MA X Q,XIAO Z Y. The effect of two pretreatment levels on the pyrolysis characteristics of water hyacinth[J]. Renewable Energy, 2020, 151: 514-527.

[78] MAO Q,RAJABPOUR S,KOWALIK M,et al. Predicting cost-effective carbon fiber precursors: Unraveling the functionalities of oxygen and nitrogen-containing groups during carbonization from ReaxFF simulations[J]. Carbon, 2020, 159: 25-36.

[79] HU J W, SONG Y Y, LIU J Y, et al. Combustions of torrefaction-pretreated bamboo forest residues: Physicochemical properties, evolved gases, and kinetic mechanisms[J]. Bioresource Technology,2020,304: 9.

[80] SHAHBEIG H, NOSRATI M. Pyrolysis of biological wastes for bioenergy production: Thermo-kinetic studies with machine-learning method and Py-GC/MS analysis[J]. Fuel,2020,269: 14.

[81] REN H X,HU H L,YU B H,et al. Identification of polymer building blocks by Py-GC/MS and MALDI-TOF MS[J]. International Journal of Polymer Analysis and Characterization,2018,23(1): 9-17.

[82] AL SANDOUK-LINCKE N A,SCHWARZBAUER J,HARTKOPF-FRODER C, et al. The effect of different pyrolysis temperatures on organic microfossils,vitrain and amber-A comparative study between laser assisted- and Curie Point-pyrolysis-gas chromatography/mass spectrometry[J]. Journal of Analytical and Applied Pyrolysis,2014,107: 211-223.

[83] YU Y, HASEGAWA K. Derivation of the self-accelerating decomposition temperature for self-reactive substances using isothermal calorimetry[J]. Journal of Hazardous Materials 1996,45: 193-205.

[84] WANG K, LIU D, XU S, et al. Thermal history method for identification of autocatalytic decomposition reactions of energetic materials[J]. Journal of Loss Prevention in the Process Industries,2016,40: 241-247.

[85] LIU S,HOU H,SHU C M. Thermal hazard evaluation of the autocatalytic reaction of benzoyl peroxide using DSC and TAM Ⅲ[J]. Thermochimica Acta,2015,605: 68-76.

[86] GUO P, HU R, NING B, et al. Kinetics of the First Order Autocatalytic Decomposition Reaction of Nitrocellulose (13. 86% N)[J]. Chinese Journal of Chemistry,2004,22: 19-23.

[87] BOU-DIAB L, FIERZ H. Autocatalytic decomposition reactions, hazards and detection[J]. Journal of Hazardous Materials,2002,93(1): 137-146.

[88] VYAZOVKIN S, BURNHAM A K, CRIADO J M, et al. ICTAC Kinetics Committee recommendations for performing kinetic computations on thermal analysis data[J]. Thermochimica Acta,2011,520(1-2): 1-19.

[89] YAO F,WU Q L,LEI Y,et al. Thermal decomposition kinetics of natural fibers: Activation energy with dynamic thermogravimetric analysis [J]. Polymer Degradation and Stability,2008,93(1): 90-98.

[90] STARINK M J. The determination of activation energy from linear heating rate experiments: a comparison of the accuracy of isoconversion methods [J]. Thermochimica Acta,2003,404(1-2): 163-176.

[91] SBIRRAZZUOLI N. Is the Friedman method applicable to transformations with temperature dependent reaction heat? [J]. Macromolecular Chemistry and Physics,2007,208(14): 1592-1597.

[92] HUIDOBRO J A,IGLESIAS I,ALFONSO B F,et al. Reducing the effects of noise in the calculation of activation energy by the Friedman method[J]. Chemometrics and Intelligent Laboratory Systems,2016,151: 146-152.

[93] FONT R,GARRIDO M A. Friedman and n-reaction order methods applied to pine needles and polyurethane thermal decompositions[J]. Thermochimica Acta,2018, 660: 124-133.

[94] OH J S,LEE J M,AHN W. Non-isothermal TGA analysis on thermal degradation kinetics of modified-NR rubber composites[J]. Polymer-Korea, 2009, 33 (5): 435-440.

[95] MORENO R M B, DE MEDEIROS E S, FERREIRA F C, et al. Thermogravimetric studies of decomposition kinetics of six different IAC Hevea rubber clones using Flynn-Wall-Ozawa approach [J]. Plastics Rubber and Composites,2006,35(1): 15-21.

[96] MAGEED A K, RADIAH A B D, SALMIATON A, et al. Study the thermal

stability of nitrogen doped reduced graphite oxide supported copper catalyst[J]. Journal of Cluster Science,2018,29(4): 709-718.

[97] GUO Z H,LIN P J,XU Q Y,et al. Kinetics of non-isothermal degradation of PFA [C]. Applied Mechanics and Materials. Trans Tech Publications Ltd,2013,268: 138-142.

[98] ABRISHAMI F,CHIZARI M,ZOHARI N,et al. Study on thermal stability and decomposition kinetics of Bis (2,2-Dinitropropyl) Fumarate (BDNPF) as a melt cast explosive by model-free methods[J]. Propellants Explosives Pyrotechnics, 2019,44(11): 1446-1453.

[99] VAZQUEZ M, MORENO-VENTAS I, RAPOSO I, et al. Kinetic evolution of chalcopyrite thermal degradation under oxidative environment[J]. Mining Metallurgy & Exploration,2020,130-140.

[100] KIZILCA M, COPUR M. Thermal dehydration of colemanite: kinetics and mechanism determined using the master plots method[J]. Canadian Metallurgical Quarterly,2017,56(3): 259-271.

[101] CHAO M R, LI W M, WANG X B. Influence of antioxidant on the thermal-oxidative degradation behavior and oxidation stability of synthetic ester[J]. Thermochimica Acta,2014,591: 16-21.

[102] MORALES ARIAS J P,AGALIOTIS E M,ESCOBAR M M. Curing kinetics of a novolac resin modified with oxidized multi-walled carbon nanotubes[J]. Fire and Materials,2017,41(7): 884-889.

[103] ALVARENGA L M,XAVIER T P,BARROZO M A S,et al. Analysis of reaction kinetics of carton packaging pyrolysis [J]. Procedia Engineering, 2012, 42: 113-122.

[104] WANG B,XIE R G,TANG J B. Biomechanical analysis of a modification of Tang method of tendon repair[J]. Journal of Hand Surgery-British and European Volume,2003,28B(4): 347-350.

[105] CAO Y,TANG J B. Biomechanical evaluation of a four-strand modification of the Tang method of tendon repair[J]. Journal of Hand Surgery-British and European Volume,2005,30B(4): 374-378.

[106] BUDRUGEAC P, SEGAL E. On the Li and Tang's isoconversional method for kinetic analysis of solid-state reactions from thermoanalytical data[J]. Journal of Materials Science,2001,36(11): 2707-2710.

[107] WANG J W, LABORIE M P G, WOLCOTT M P. Comparison of model-free kinetic methods for modeling the cure kinetics of commercial phenol-formaldehyde resins[J]. Thermochimica Acta,2005,439(1-2): 68-73.

[108] SHAHCHERAGHI S H,KHAYATI G R. Arrhenius parameters determination in non-isothermal conditions for mechanically activated Ag2O-graphite mixture [J]. Transactions of Nonferrous Metals Society of China, 2014, 24 (12): 3994-4003.

[109] CHEN S Y,CAI J M. Thermal decomposition kinetics of sweet sorghum bagasse analysed by model free methods[J]. Journal of the Energy Institute,2011,84(1)：1-4.

[110] CAI J M,HAN D,CHEN Y,et al. Evaluation of realistic 95% confidence intervals for the activation energy calculated by the iterative linear integral isoconversional method [J]. Chemical Engineering Science, 2011, 66 (12)： 2879-2882.

[111] CAI J M,CHEN S Y. A new iterative linear integral isoconversional method for the determination of the activation energy varying with the conversion degree[J]. Journal of Computational Chemistry,2009,30(13)：1986-1991.

[112] BRACHI P,MICCIO F,MICCIO M,et al. Isoconversional kinetic analysis of olive pomace decomposition under torrefaction operating conditions[J]. Fuel Processing Technology,2015,130：147-154.

[113] 孙金华. 化学物质热危险性评价[M]. 北京：科学出版社,2005.

[114] HAI Z,ZHIMING X,PENGJIANG G,et al. Estimation of the critical rate of temperature rise for thermal explosion of first-order autocatalytic decomposition reaction systems using non-isothermal DSC[J]. Journal of Hazardous Materials, 2002,A94：205-210.

[115] WANG H,ZHANG H,HU R,et al. Estimation of the critical rate of temperature rise for thermal explosion of nitrocellulose using non-isothermal DSC[J]. Journal of Thermal Analysis and Calorimetry,2013,115(2)：1099-1110.

[116] 胡荣祖. Esitimation of the critical rate of temperature increase of thermal explosion of nitrocellulose using non-isothermal DSC[J]. 高分子科学：英文版, 2003,21(3)：285-290.

[117] KOTOYORI T. Critical ignition temperatures of chemical substances[J]. Journal of Loss Prevention in the Process Industries,1989,2：16-21.

[118] SILVER I H. Explosion in an autoclave caused by cellulose nitrate tubes[J]. Nature,1963,199：102.

[119] KSIQZCZAK A,RADOMSKI A,ZIELENKIEWICZ T. Nitrocellulose porosity-thermoporometry[J]. Journal of Thermal Analysis and Calorimetry,2003,74：559-568.

[120] EISFJSREICH N,PFEIL A. The influence of copper and lead compounds on the thermal decomposition of nitrocellulose in solid propellants[J]. Thermochimica Acta,1978,27：339-346.

[121] HSU P C,HUST G R,ZHANG M X,et al. Effect of aging on the safety and sensitivity of nitroglycerine/nitrocellulose mixtures [R]. Lawrence Livermore National Laboratory,Livermore,CA (United States),2013：1-13.

[122] CHU I T,HWANG B,HUANG W,et al. Storage safety control and management of solid naval energetic materials by thermokinetic and hazard simulation[J]. Procedia Engineering,2014,84：320-329.

[123] GULEC F,SHER F,KARADUMAN A. Catalytic performance of Cu- and Zr-

modified beta zeolite catalysts in the methylation of 2-methylnaphthalene[J].
Petroleum Science,2019,16(1): 161-172.

[124] ZARREN G,NISAR B,SHER F. Synthesis of anthraquinone based electroactive
polymers: a critical review[J]. Mater Today Sustain,2019,5: 100019.

[125] ZHAO J,XIUWEN W,HU J,et al. Thermal degradation of softwood lignin and
hardwood lignin by TG-FTIR and Py-GC/MS[J]. Polymer Degradation and
Stability,2014,108: 133-138.

[126] 武汉大学. 分析化学[M]. 5 版. 北京：高等教育出版社,2011.

[127] MOVASAGHI Z,REHMAN S,UR REHMAN D I. Fourier transform infrared
(FTIR) spectroscopy of biological tissues[J]. Applied Spectroscopy Reviews,
2008,43(2): 134-179.

[128] 许瑞梅. 热重-红外联用技术[EB/OL]. (2017-01-16)[2022-10-01]. https://max.
book118. com/html/2017/0116/84276894. shtm.

[129] MA Y,KIND T,VANIYA A,et al. An in silico MS/MS library for automatic
annotation of novel FAHFA lipids[J]. Journal of cheminformatics,2015,7: 53.

[130] ALON T,AMIRAV A. How enhanced molecular ions in Cold EI improve
compound identification by the NIST library[J]. Rapid Commun Mass Sp,2015,
29: 2287-2292.

[131] FAN S S T,MASON D M. Properties of the system $N_2O_4 \leftrightarrows 2NO_2 \leftrightarrows 2NO+ O_2$
[J]. J Chem Eng Data,1962,7: 183-186.

[132] GIAUQUE W F, KEMP J D. The entropies of nitrogen tetroxide and nitrogen
dioxide. The heat capacity from 15 degrees K to the boiling point. The heat of
vaporization and vapor pressure. The equilibria $N_2O_4 = 2NO_2 = 2NO+O_2$ [J].
Journal of Chemical Physics,1938,6(1): 40-52.

[133] RIDEAL E K,ROBERTSON A J B. The spontaneous ignition of nitrocellulose
[J]. Burning and Detonation of Explosives,1948,68: 536-544.

[134] WANG K,LIU D,XU S,et al. Research on the thermal history's influence on the
thermal stability of EHN and NC[J]. Thermochimica Acta,2015,610: 23-28.

[135] KATOH K, LE L, KUMASAKI M,et al. Study on the spontaneous ignition
mechanism of nitric esters（Ⅰ）[J]. Thermochimica Acta, 2005, 431(1-2):
161-167.

[136] KATOH K, LE L, KUMASAKI M,et al. Study on the spontaneous ignition
mechanism of nitric esters（Ⅲ）[J]. Thermochimica Acta, 2005, 431(1-2):
173-176.

[137] KATOH K, LE L, KUMASAKI M,et al. Study on the spontaneous ignition
mechanism of nitric esters（Ⅱ）[J]. Thermochimica Acta, 2005, 431(1-2):
168-172.

[138] RUBTSOV Y I, KAZAKOV A I, ANDRIENKO L P,et al. Kinetics of heat
release during decomposition of cellulose[J]. Combustion Explosion, and Shock
Wave,1993,29(6): 710-713.

[139] HUANG M, LI X. Thermal degradation of cellulose and cellulose esters [J]. Journal of Applied Polymer Science, 1998, 68: 293-304.

[140] BRILL T B, GONGWER P E. Thermal decomposition of energetic materials 69. Analysis of the kinetics of nitrocellulose at 50℃-500℃ [J]. Propellants, Explosives, Pyrotechnics, 1997, 22(1): 38-44.

[141] ZHAO B, ZHANG T, WANG Z, et al. Kinetics of Bu-NENA evaporation from Bu-NENA/NC propellant determined by isothermal thermogravimetry [J]. Propellants, Explosives, Pyrotechnics, 2017, 42(3): 253-259.

[142] YAN B, LI H-Y, GUAN Y-L, et al. Thermodynamic properties of 3, 3-dinitroazetidinium nitrate[J]. The Journal of Chemical Thermodynamics, 2016, 103: 206-211.

[143] BYRD E F, RICE B M. Improved prediction of heats of formation of energetic materials using quantum mechanical calculations [J]. The Journal of Physical Chemistry A, 2006, 110(3): 1005-1013.

[144] GREWER T, FRURIP D J, HARRISON B K. Prediction of thermal hazards of chemical reactions1 [J]. Journal of Loss Prevention in the Process Industries, 1999, 12: 391-398.

[145] SUN J, LI Y, HASEGAWA K. A study of self-accelerating decomposition temperature (SADT) using reaction calorimetry[J]. Journal of Loss Prevention in the Process Industries, 2001, 14: 331-336.

[146] RODUIT B, HARTMANN M, FOLLY P, et al. Determination of thermal hazard from DSC measurements. Investigation of self-accelerating decomposition temperature (SADT) of AIBN[J]. Journal of Thermal Analysis and Calorimetry, 2014, 117(3): 1017-1026.

[147] LV J, CHEN L, CHEN W, et al. Kinetic analysis and self-accelerating decomposition temperature (SADT) of dicumyl peroxide [J]. Thermochimica acta, 2013, 571: 60-63.

[148] HE P, PAN Y, JIANG J-C. Prediction of the self-accelerating decomposition temperature of organic peroxides based on support vector machine[J]. Procedia Engineering, 2018, 211: 215-225.

[149] GAO Y, XUE Y, LÜ Z-G, et al. Self-accelerating decomposition temperature and quantitative structure-property relationship of organic peroxides[J]. Process Safety and Environmental Protection, 2015, 94: 322-328.

[150] FAUSKE H K. A simple and cost effective method for determination of the self-accelerating decomposition temperature[J]. Process Safety Progress, 2013, 32(2): 136-139.

[151] JIA H, KANG Z, LI S X, et al. Thermal degradation behavior of seawater based temporary plugging gel crosslinked by polyethyleneimine for fluid loss control in gas well: Kinetics study and degradation prediction [J]. Journal of Dispersion Science and Technology, 2020, 9: 12.

［152］　HUANG Q,LIU X W,XIAO Y Y,et al. Isothermal thermal decomposition of the HMX-based PBX explosive JOL-1［J］. Journal of Energetic Materials，2021，39(1)：1-9.

［153］　ZHAO X,XIAO H,WANG Q,et al. Study on spontaneous combustion risk of cotton using a micro-calorimeter technique［J］. Industrial Crops and Products，2013,50：383-390.

［154］　KONG D,LIU P,PING P,et al. Evaluation of the pyrophoric risk of sulfide mineral in storage［J］. Journal of Loss Prevention in the Process Industries,2016，44：487-494.

［155］　GONG J,WANG Q,SUN J. Thermal analysis of nickel cobalt lithium manganese with varying nickel content used for lithium ion batteries［J］. Thermochimica Acta,2017,655：176-180.